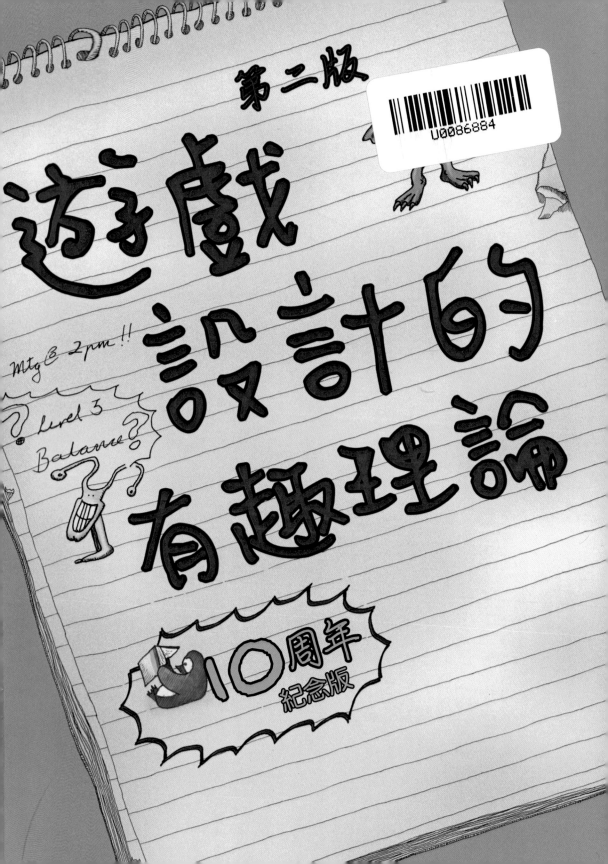

看看別人怎麼說

「這是我讀過最棒的遊戲設計書籍。」

—— 大衛・賈菲（David Jaffe）
《戰神（*God of War*）》創意總監

「這本書為遊戲所做的一切，正如《*Understanding Comics*》為連環漫畫所做的相同。如果你不玩遊戲，請將這本書送給你生活中的遊戲愛好者；如果你熱愛玩遊戲，請將這本書送給你生活中不玩遊戲的人。從此以後，你再也不會用相同的角度看待『有趣』這碼事了。」

—— 科利・多克托羅（Cory Doctorow）
《*Little Brother*》、《*Pirate Cinema*》作者，『Boing Boing』網站共同編輯

「50 本遊戲業界必讀書籍」之一

—— *EDGE*

「關於遊戲設計，你應該讀的五本書」之一

—— *1up.com*

「如果你對遊戲設計有興趣，買下這本書，讀吧。」

—— 史蒂夫・傑克遜（Steve Jackson）
《小白世紀（*Munchkin*）》與
泛用無界角色扮演系統（*Generic Universal RolePlaying System*）設計師

*****

美國中西部書評（**Midwest Book Review**）

「…我由衷地相信每個人在一生中，至少該讀一次這本書。這本書就是這麼地重要…柯斯特（Koster）對於『玩』的重要性，就像是坎柏（Campbell）與佛格勒（Vogler）之於『說故事』…這本書的誕生，就是歷史性的一刻。所有未來的開創之作，都一定會提及本書。」

— *GameDev.net*

「對於任何想要創造體驗，藉以挑戰及鍛練他人才智的人，這是本絕佳，甚至可說是基石的讀物。」

— 《*Learning Solutions Magazine*》

「玩遊戲理論的絕對經典。」

— 湯姆·查特菲爾德（Tom Chatfield），《*Fun, Inc.*》作者

「柯斯特成功地為遊戲設計實務與學院理論之間的鴻溝，搭起了一座橋樑…任何對於遊戲與人性體驗間關係感興趣的人，這就是您的必讀之書。」

— 《*Australian Journal of Emerging Technologies and Society*》

「在本書中，柯斯特針對人們玩遊戲時感到快樂或是不快樂的原因，勾勒出令人信服的宣言。他同時也讓我們覺得自己實在非常非常不聰明。」

— 《*Game Informer Magazine*》

「閱讀本書，你至少會體驗到兩次以上的醍醐灌頂。」

— 潔西卡·墨里根（Jessica Mulligan）
線上遊戲先驅

「如果你想瞭解究竟是什麼讓遊戲『真的』有趣，那就讀這本書吧。」

── 克里斯·梅里西諾（Chris Melissinos）
Smithsonian *Art of Videogames*展覽策展人

「這本書用令人愉快的方式，輕鬆地接觸了『有趣』的基本原理，讓遊戲設計的神祕謎團就此煙消雲散。」

── 《*Computer Games Magazine*》

「玩遊戲不只是為了享樂，而是人之所以為人的核心要素。瞭解遊戲、瞭解何謂『有趣』，能讓我們更加瞭解自己。拉夫·柯斯特很棒，他總是努力地為這個世界製造快樂。這本書也幫了我們、幫了他的讀者和學生，一起為這個世界製造快樂。」

── 麥克·梅夏佛瑞（Mike McShaffry）
《*Game Coding Complete*》作者

「柯斯特為我們這個業界寫下了一本絕佳好書。我希望每個人的書架上都有一本。」

── 史考特·米勒（Scott Miller）
3DRealms執行長

＊＊＊＊＊

《訓練媒體評論》（Training Media Review）

「本書闡述的基本概念，不僅適用於遊戲，更適用於所有的娛樂產業。最棒的是，這本書的風格簡潔有力、清晰易懂同時還很有趣！我想，這本書會成為所有製作遊戲，或玩過遊戲的人心目中的迷人經典。」

── 諾亞·法爾斯坦（Noah Falstein）
Google首席遊戲設計師

「如此重要且深具價值的一本書。」

── 恩內斯特·亞當斯（Ernest Adams）
遊戲設計師

「拜託，幫你自己一個忙，趕快買一本吧。」

> —— 布蘭達‧羅梅洛（Brenda Romero）
> 「*Train*」遊戲設計師

「一本關於『有趣』，在閱讀時也『有趣』的書。這讓我想起了 Scott McCloud 的《*Understanding Comics*》，它們同樣地使用引人入勝的方式，用基本原則說明了複雜的論調。拉夫‧柯斯特繪製出一個願景，讓遊戲不再只是個表達媒介。」

> —— 亨利‧詹肯斯博士（Dr. Henry Jenkins），USC

「從專業的遊戲開發者到想要瞭解為什麼人們愛玩遊戲的人，都能在本書中找到樂趣。」

> —— 柯瑞‧安德拉卡（Cory Ondrejka），Facebook

「到目前為止，本書是這個主題中我最喜歡的一本書，大力推薦。」

> —— 大衛‧派瑞（David Perry）
> Shiny Entertainment、Gaikai，Sony

「拉夫‧柯斯特問了個關於遊戲的重要問題：遊戲為什麼有趣？而那些原因又與遊戲或是我們有何相關？這是趟知覺的本質之旅，遊戲與現實間如何交叉？又為何無法交叉？遊戲與故事間有何不同？『有趣』有哪七種不同的樣貌？這絕對是場你樂於與他同行的旅程。」

> —— 克雷‧薛基（Clay Shirky），NYU

「絕妙的鞭辟入理，但絲毫沒有驕傲之氣，也沒有滿嘴大話。」

> —— 麥克‧費爾德斯坦（Michael Feldstein），SUNY Learning Network

「用有趣和引人入勝的方式探討有趣和引人入勝的問題。」

> —— Learning Circuits，美國訓練與發展協會

「任何想要瞭解在現今社會中，遊戲無所不在之原因的人，都該仔細閱讀本書，因為，你能從中瞭解為什麼這個世界需要『有趣』，而且，你會明白『玩』這件事，如何讓我們成為真正的人類。」

—— 丹·艾瑞利（Dan Arey）
「捷克與達斯特」系列設計師

「所有與遊戲設計有關的人，無論是學生、老師，或是專業人士，都該看這本書。」

—— 伊恩·施雷伯（Ian Schreiber）
《Challenges for Game Designers》共同作者

「愉快的閱讀體驗。這本書為我的書架填補了『遊戲辯護者』的空白。」

—— 丹·庫克（Dan Cook）
「Triple Town」遊戲設計師

「非常有趣的一本書 :D，風格詼諧逗趣。」

—— 米凱爾·山米（Michael Samyn），Tale of Tales公司

「柯斯特精心撰寫了這本書，非常適時，並且充滿了熱情與科學知識，這本書如此優秀，值得所有人的注意。」

—— 愛德華·卡斯特羅諾瓦博士（Dr. Edward Castronova）
印第安納大學，《Exodus to the Virtual World》作者

「如果你的靈魂中，潛伏了一個遊戲設計師，那這本書可能不會是遊戲設計的聖經，不過，我一定會將本書涵蓋在新約外傳中（聖經遺漏的片段）…這是本不可或缺的書籍。我無法想像在遊戲產業中，有哪個人無法因這本令人愉悅的書而受益。」

—— 艾倫·恩瑞奇（Alan Emrich），加州藝術學院

「這是我最喜歡的書之一…拉夫是許多知名線上遊戲的創意總監，在本書中他先探討了人性本質，並且由此出發，推論出遊戲的重要性，更進一步地提出了理解遊戲的公式。最終，你會不由自主地讚嘆『哇！』。」

——喬治·山格（George "The Fat Man" Sanger）
遊戲音樂傳奇人物

「非常值得一讀。你用不著花太多時間就能讀完整本書，但在這薄薄幾頁中，卻充滿了大量有意思的想法。」

——李·薛登（Lee Sheldon），遊戲設計師

「在我讀過的書中，拉夫的這本書擁有最多對此產業重要的智慧之語。他點出了一件事：只在開發者認真地看待自己的工作並且創造出藝術之作時，社會大眾才會認真地看待我們的心血結晶。」

——瑞德·金寶（Reid Kimball），遊戲設計師

「如果你對遊戲設計感興趣，你就該看看這本書。」

——*f13.net*

「值得慶幸的是，本書在各種層面都超出了我的預期。和《*Understanding Comics*》一樣輕鬆易讀，所有圖像上都有旁白。但本書同樣地具有深度…這是本好書，更是經典之作。」

——*Terra Nova*

「值得一讀。買下它，讀，就對了。」

——戴夫·塞林（Dave Sirlin），遊戲設計師

「拉夫·柯斯特的《遊戲設計的有趣理論》非常優秀，不止闡述了遊戲設計的基底，更省思了是什麼讓遊戲如此有趣，值得為此一讀。」

——葛雷格·柯斯汀亞（Greg Costikyan），遊戲設計師

「我是本書的忠實粉絲。我想，到目前為止我大概買了 15 本送給別人了吧，其中一本還是送給我媽呢。我熱愛運用本書來引發更進化的設計想法，也喜歡用它來向我媽說明自己的工作，以及玩遊戲的必要性。」

—— 保羅·史蒂芬諾克（Paul Stephanouk），遊戲設計師

「如果你還沒買這本書，馬上下手吧！這是我的真心推薦。」

—— 理查·巴爾特博士（Dr. Richard Bartle）
MUD共同創作者

「拉夫・柯斯特的《遊戲設計的有趣理論》是本很重要的書。在某個層面上來說，這是對於社會責任以及遊戲設計藝術性的宣言；在另一個層面上，這是對於人性動機與學習的精闢探討。」

—— Nonprofit Online News

「拉夫·柯斯特的《遊戲設計的有趣理論》用有趣的角度來探討其他作者過於嚴肅討論的主題。本書鞭辟入理，針對遊戲、學習工具、藝術，以及社會形塑⋯等面向，提供了討論基礎⋯」

—— Slashdot

「這本有趣又創新的書，表面上是為了遊戲設計師而寫。但就我個人而言，這本書並不僅止於此：任何對於遊戲如何運作，以及這個世界對遊戲之看法有興趣的人，這本書都會是很棒的入門書。」

—— BlogCritics.org

關於作者

拉夫·柯斯特（Raph Koster）是位資深遊戲設計師，擅長遊戲產業中的所有領域。他在青少年時期因興趣使然，而開始自製遊戲。最終，他成為了 LegendMUD 的核心成員（LegendMUD 是一個以文本為基礎的虛擬世界）。他也是許多線上遊戲的首席設計師或總監，他所設計的遊戲包括：《網路創世紀》和《Star Wars Galaxies》；接著，他成為了創投企業家，並且成立自己的工作室「Metaplace」。才華洋溢的拉夫，除了設計工作之外，也擅長寫作、藝術、原聲帶音樂，當然，他也撰寫了許多遊戲程式，從 Facebook 遊戲到單機遊戲皆可窺見他的大名。

柯斯特最廣為人知之處，在於他是全球遊戲設計思想家之一，同時也是世界各地會議中廣受歡迎的演講者。《遊戲設計的有趣理論》在遊戲業界是毫無爭議的經典之作，而柯斯特的散文和其他作品如《Declaring the Rights of Players》和《The Laws of Online World Design》也被廣泛轉載。

他出生於 1971 年，旅居過四個國家及半打以上的美國各州，已婚，有兩個小孩。擁有華盛頓大學的英文（創意寫作）及西語系的學士學位，同時也擁有阿拉巴馬大學的創意寫作藝術碩士學位。就讀大學時期，他也花了很多時間研究人文學科，包括音樂理論、作曲以及視覺藝術。拉夫過去曾為著名的「Turkey City」科幻小說寫作工作坊成員；其音樂作品也曾經在電視上播出，同時，他已發行專輯《After the Flood》。

2012 年，在「遊戲開發者大會」上，他被選為「線上遊戲傳奇」。該獎項充分地肯定了身為特殊創作者的拉夫，其事業與成就為網路遊戲發展所做出之不可磨滅的影響和貢獻。

請瀏覽他的網站 *www.raphkoster.com*，
或本書網站 *http://www.theoryoffun.com*

獻辭

我要將這本書獻給我的孩子們

沒有他們，我永遠不會寫下本書

還要獻給克莉絲汀（Kristen），因為我總是說第一本書，

一定是為了她而寫。

沒有她，就不會有這本書。

致謝

欸，誰在我身上寫字啊？

ACKNOWLEDGEMENTS

特別感謝所有以書信和直接對話挑戰我的假設，以協助我釐清想法撰寫本書的人。以下不分排名順序：

初版：柯瑞・安德拉卡（Cory Ondrejka），謝謝他熱情的夢想；班・考森（Ben Cousins），謝謝他發明了 "Ludeme" ＊一詞，以及追求實證的方法；大衛・肯納利（David Kennerly），謝謝他熱愛 "Ludemes"；謝謝戈登・華爾頓（Gordon Walton）和理奇・福格爾（Rich Vogel）持續不斷地指導我、輔導我一然後放手讓我自由發揮；感謝羅倫斯（J. C. Lawrence）創立了論壇；感謝賈斯伯（Jesper Juul）追問我各種前提；感謝潔西卡・墨里根（Jessica Mulligan）開啟了關於藝術的問題討論；感謝約翰・比埃勒（John Buehler）那些關於情感性的問題；還有約翰・唐漢（John Donham）對我的放縱和興趣；謝謝李・薛登（Lee Sheldon）對故事的堅持；謝謝妮可・拉扎羅（Nicole Lazzaro）引導我研究情感；謝謝諾亞・法爾斯坦（Noah Falstein）看待本書就像是看待自己的書一樣；理查・巴爾特博士（Dr. Richard Bartle）給我的發揮空間以及對我的支持；理查・蓋瑞特（Richard Garriott）所注入的倫理道德；謝謝羅德・漢博（Rod Humble）有耐心地聽我不斷碎碎念；莎夏・哈特給予我的人類狀態問題；提摩西・伯克（Timothy Burke）與許多其他玩家們迫使我思考問題；以及謝謝威爾・萊特（Will Wright）對於形式遊戲系統的真知灼見。

特別要感謝協助我讓本書以此形式問世的各位：介紹原始形式資料給班（Ben）的柯特・斯奎爾（Kurt Squire）、班・索依爾（Ben Sawyer）的編輯、戴夫・泰勒（Dave Taylor）和派翠西亞・皮瑟（Patricia Pizer）志願執行令人驚艷的編輯工作、發行人

凱斯・維斯凱普（Keith Weiskamp）的逐行詳細意見、克里斯・中島－布朗（Chris Nakashima-Brown）的法務協助、金・愛歐夫（Kim Eoff）協助推廣，以及茱蒂・佛林（Judy Flynn）的審稿。謝謝你們。

如果沒有瑞秋・若梅麗歐提斯（Rachel Roumeliotis）、梅根・康諾利（Meghan Connolly），以及歐萊禮（O'Reilly）的團隊，本書就不會有第二版。他們願意創造一個彩色的大夢想，也就是你現在正在閱讀的這個版本。

還要特別感謝那些願意細讀原始版本的讀者們，因為有他們，這個版本才能增加那些日新月異的科技、修改過後的漫畫笑點，以及更加深入的觀點。同樣地，以下不分排名順序：吉爾斯・修爾德（Giles Schildt）、理查・巴爾特博士（Dr. Richard Bartle）、蕾貝卡・法古森（Rebecca Ferguson）、伊恩・施雷伯（Ian Schreiber）、麥特・庫錫克（Mat Cusick）、傑森・凡登伯格（Jason VandenBerghe）、伊薩克・貝瑞（Isaac Barry），以及伊凡・莫瑞諾－戴維斯（Evan Moreno-Davis）。在初版的十年之後，有成千上萬的人讀過這本書。其中有許多人熱情地寫信給我、在部落格或論壇上發表對本書的回應，或是就此開始從事相關工作。我覺得自己無比幸運，才能擁有這麼熱情的讀者。謝謝你們這些年來的討論、批評，以及支持。

最重要的，要謝謝我的太太克莉絲汀（Kristen）。她幫我掃描這些圖檔、給我空間工作，並且詳讀我的初稿。如果沒有她為我煮飯和帶孩子所付出的時間，我想我無法持續地撰寫這本書，而這一切永遠都不會成真。

最後，謝謝所有在我人生中，寬容地讓我追尋這份瘋狂工作的你們。還有，謝謝我的家人，從小培養我的趣味感，並且買了那麼多萬惡的遊戲和電腦給我。

---

* 譯註：Ludeme 是遊戲設計表示法，使用獨特的「原子論」方式記錄遊戲設計的工作參數，並且經由仔細觀察遊戲的基本單位或遊戲中選擇的設計「原子」來明確闡述設計功能。Ludeme 是遊戲元素，可和遊戲元件或遊戲機制相比較，但又截然不同。

目錄

序（出自第一版）
威爾・萊特（Will Wright）

這本書的書名，差點讓我搞錯狀況。身為遊戲設計師，看到「理論」與「有趣」放在一起，讓我本能地覺得不太舒服。理論是乾巴巴的學院派玩意，存在於圖書館陰暗角落中的厚重精裝本內，而有趣則是輕鬆的、充滿活力的、俏皮好玩的，而且是…呃…有趣的。

在互動式遊戲設計問世的前幾十年，我們篳路藍縷地向前慢慢邁步，但同時，我們也忽略了環繞在這個產業週圍的許多問題。這是第一次，我們以學術性的眼光，在我們創造的世界中，開始看見更嚴肅的意涵。這強迫所有在遊戲產業中的人，停下腳步思考：

「我們身處其中的這個新媒體，究竟是什麼？」

以學術角度來說，這個問題可以分成兩部分：首先，我們必須先擁有以下認知 - 電玩」可能代表新興媒體、新的設計領域，也可能是新型態的藝術。上述各項都非常值得研究。第二，有越來越多從小就開始玩電動遊戲的學生，發現自己受到啟發，想進入這個產業。他們希望學校能夠幫助他們瞭解何謂遊戲，以及，如何創作遊戲。

在此，就出現了一個小問題：無論學生們有多麼強烈的求知慾望，也僅有少數老師充分瞭解遊戲，並且有能力教導學生關於遊戲的一切。事實上，現實狀態比我說的還更糟糕，因為，在現今遊戲產業中，只有非常非常少數的人充分瞭解何謂遊戲，並且有能力將他們所知的一切表達出來，或是告訴別人應該如何瞭解遊戲（拉夫・柯斯特（Raph Koster）當然是其中之一）。

想要學習及教育遊戲的學院派，與遊戲產業之間的橋樑，也開始慢慢地成形。發展共通語言，讓雙方可以討論遊戲，同時也協助開發者更輕鬆地將他們的經驗與其他人分享。未來，學生們都會在這種共通語言環境中學習。

因為遊戲擁有獨特的多元性，所以，無論想要學習的是電動遊戲或是傳統遊戲，其實都沒那麼簡單。有許多不同方法，可以讓你接近遊戲。不過，讓我舉個例子：設計與製造遊戲需要瞭解認知心理學、電腦科學、環境設計，還得會講故事，這還只是其中幾種技能而已。所以，如果想要真正地瞭解遊戲，你必須以全面性的觀點來進行探討。

我非常喜歡聽拉夫·柯斯特說話。就我在遊戲產業中認識的人來說，他是少數幾位會深入探討可能與其工作相關之新議題的人，就算無法立即看出探討那些新議題的理由也一樣。他跨越各式各樣的知識領域，深入探索其中的道理，並且回頭與我們分享自己發現的新事物。他不只是個充滿勇氣的探險家，更是位勤勞的地圖繪製師。

在本書中，拉夫從各式各樣不同的觀點來探討遊戲，並且做出了相當出色的論述。身為在此領域中工作的設計師，他運用本能從自己的研究中，篩選出了對此職業深具價值的有用資訊和寶庫。並且，他也將自己的研究結果，以友善又有趣的方式介紹給大家，讓所有的一切都合情合理，毫無疑問。

如此難得一見的智慧結晶…本書書名，當之無愧。

—— **威爾·萊特（Will Wright）**

威爾·萊特（Will Wright）是位遊戲設計師，更是位傳奇人物。他所設計的革命性電玩作品有《模擬市民》、《模擬城市》、《模擬地球》以及《Spore》。他所獲得的榮譽和獎項包括：1999 年入選美國《娛樂周刊》的「娛樂產業中最有創意之 100 人」，以及《Time Digital》的「Digital 50」名單；2001 年獲得「遊戲開發者選擇獎」的「終身成就獎」；2002 年被列入美國《娛樂周刊》之權力榜的第 35 名，並且在同年入選為 AIAS 互動藝術和科學協會名人堂的第五人，獲得 PC 雜誌終身成就獎；2008 年，他獲得有史以來第一個 Spike TV 電玩遊戲大獎的「玩家之神獎」。

前言
我爺爺

我的爺爺一直很想知道，我是否以自己的工作為榮。雖然，在他問我這個問題時，我並未意識到他很快就要離我們而去，但這對越來越老的爺爺而言，是個非常合理的疑問；身為一位消防隊隊長的他，花了一輩子的時間，努力地撫養了六個孩子長大成人，其中一位也曾經跟著他的腳步成為消防員，只是現在變成了浴缸材料商；其他的五個孩子中，有特殊教育教師、建築師，還有木匠。他們都是健全且有益於社會的人，擁有健全且有益於社會的職業。而我，只會做遊戲，並且，這看起來對社會一點貢獻都沒有。

我跟他說，我覺得自己是個滿有貢獻的人。遊戲並不只是個消遣；遊戲相當有意義，並且也很重要。證據就在我的眼前 —— 我的孩子正在玩井字遊戲＊。

看著我的孩子們玩遊戲，並且從中學習，對我而言總能獲得啟發。雖然我的職業就是製作遊戲，但我其實經常在製作大型現代娛樂產品時，對於其中的複雜度感到困惑，而非感受到這個遊戲為何有趣，以及那些有趣之處又為我們帶來了什麼。

不知不覺中，我的孩子們引導了我，走向關於「有趣」的理論。所以，我和爺爺說：「是的，我認為這是有意義的事。我將人們連結起來，而且，我教育他們。」但是，當我如此告訴爺爺時，其實，我並沒有辦法拿出真正的證據。

我的孩子們最近正在學習井字遊戲

5 歲

7 歲

Chapter One
為什麼寫這本書？

我們的孩子在年紀還小時，就已經開始玩遊戲。他們身邊充斥著大量的遊戲，由於我的工作與遊戲相關，所以我又買了超乎尋常的遊戲量回家。我想，「有其父必有其子」這句話一點都沒錯，奇怪的是，我和我太太也非常熱衷於閱讀，但孩子們卻抗拒閱讀。他們本能地被遊戲吸引。還在襁褓時，他們就發現捉迷藏的無限魅力，即使現在年紀稍長，捉迷藏有時仍能讓他們樂不可支。即使當時他們只是嬰兒，但仍舊全心全意地凝視外界的一切；當他們嘗試找出黃色小鴨跑去哪時，就代表這個遊戲對他們真的非常有吸引力。

孩子們隨時隨地都可以玩，並且，經常玩些我們不懂的遊戲。他們以驚人的速度玩耍和學習。我們可以找到很多相關數據，包括：一個孩子一天能學會多少個字、他們發展出運動控制的速度，以及學會的生活基本技能——說實在的，有些生活基本技能實在太過細微，連我們都忘記自己曾經學過那些技能——所以，我們通常都會忘記要讚賞孩子們這些了不起的成就。

想想看，要學習一個新語言很難，對吧？但全世界的孩子都在這麼做，也就是學習他們的第一語言。對他們來說，在學習第一語言時，他們並不會將新字對應＊至母語中的同源詞，也不會在腦中翻譯那些字。最近，有許多人注意到了尼加拉瓜的某些特殊失聰兒童＊，他們在短短的幾個世代中，就發明出了一套功能完整的手語。許多人相信，這顯示了語言原本就內建於腦中，而我們的神經線路中，有某些事物將我們引導至語言。

看著孩子們玩遊戲，是件相當有意思的事。

語言並不是我們身上唯一一項與生俱來的能力。在孩子成長發展的路上，他們會出現許多本能的行為。任何一對經歷過「三歲貓狗嫌」的父母都可以告訴你，小孩的腦中似乎有個神秘的開關，可以徹底地改變他們的行為。（順便提醒你，這個階段可能會持續很久——嗯，只是個善意的提醒。）

孩子通常也會隨著年紀增長，而對不同的遊戲產生興趣。我曾經饒富興味地看著他們在井字遊戲中成長，只不過在數年前，我可以持續地取得壓倒性勝利，但是，某一天，這個遊戲的結果只剩下了和局。

在這個遊戲無法再吸引他們的那一刻，我卻突然對它產生了極大興趣。我問自己，為什麼如此突然地就能掌握及理解遊戲了？孩子們不可能知道井字遊戲是最佳策略的限制性遊戲。他們看出了模式，但他們並不會以成人思索事理的方式去理解那個模式。

對大多數的人來說，這個狀態並不陌生。我也會在未完全理解的狀況下去做很多事，就算我可以掌握做好那些事的要訣，也不代表我真的理解。我不需要有汽車工程學位也可以開車；我甚至不需要理解扭力、車輪，以及煞車如何運作；我不需要記得文法規則的來龍去脈也能好好交談；我不需要知道井字遊戲到底是 NP 困難還是 NP 完全＊，也能知道這是個蠢遊戲。

4

他們開始瞭解井字遊戲
是個蠢遊戲。

啊哈哈哈，
6073 比 1！

我再也再也再也再也再也
再也不要跟你玩了！永遠
都不要！大騙子！

我也有過很多這種經驗，一直持續地看著某個東西，但就是無法瞭解。雖然我討厭承認這件事，但我的典型反應，就是迴避那些我不瞭解的事物。最近幾天，我的心情不太好（好啦，是很不好。）我發現自己就是沒辦法去玩那些每個人都叫我一定要玩玩看的遊戲。我就是沒辦法像以前一樣，那麼快速地移動滑鼠。因為我覺得自己玩得有夠爛，所以我寧願不玩，就算其他玩家是我的朋友也一樣。

我的意思不只是：「喔！我在線上遊戲中根本沒有參與感！那些 14 歲的死小孩！」與其說我的反應是單純的沮喪，不如說我覺得這一切很無聊。我看著那些遊戲希望玩家們解決的問題，然後說：「是啊，我可以像薛西弗斯一樣，不停地嘗試，完成這些新遊戲中的目標，可是啊，老實說，一直重複可預見的失敗循環，真的很無聊。我的時間可以用來做其他更有意思的事。」

從我聽說的每件事來看，當我年紀越來越大，這種無聊的感覺只會越來越強。但是，這世界上會出現越來越多，原本只在小說中才可能成真的事物，到了 2038 年，我就得拜託賤得要死的孫子幫我搞定那些莫名其妙，不知道有何用途的機器，因為我根本不知道要怎麼操作它們啊！

這一切都是必然的嗎？

我知道他們的感覺是什麼。
我已經不是孩子了，
某天，當我在電腦前玩遊戲時，
我突然覺得自己正在和潮流博鬥。
我退出了遊戲，因為，我覺得自己不夠格。

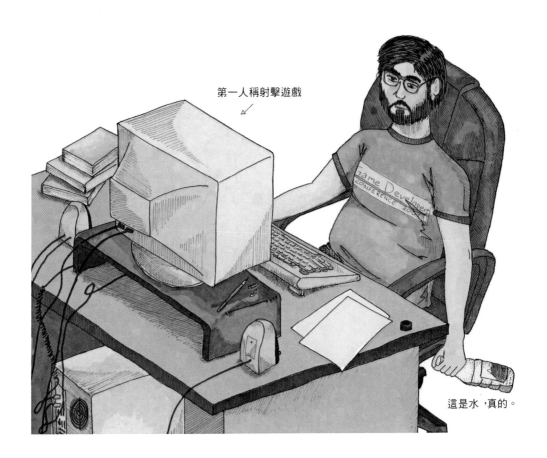

第一人稱射擊遊戲

這是水，真的。

7

當我玩某些適合自己的遊戲時，我仍然可以完敗他們（哇哈哈哈哈＊）。常有報導指出，玩拼字遊戲或其他智力遊戲的人，可以減緩阿茲海默症＊。所以，保持心智活躍，就能讓你更加靈活，並且永保青春囉？

不過，遊戲無法永久地持續下去。你總會在某個時間點說：「嗯，我想我已經看遍這個遊戲想要讓我知道的一切了。」剛好有個這樣的例子：最近我在網路上找到一個打字遊戲，這遊戲很可愛，我是個潛水伕，身邊有很多鯊魚，大家都想吃了我，每隻鯊魚身上都有一個英文單字，只要我打出那個字，鯊魚就會翻白肚。

在遊戲中，我搖身一變，成為超強的打字員，一分鐘大概可以打出 100 個單字。這遊戲很有趣，但對我來說也很簡單。大概在 12 級或 14 級時，遊戲就自我放棄，承認了自己的失敗。對我說：「呃⋯我已經用盡了各種方法，包括在單字中夾雜各種標點符號、反過來拼寫單字，或是直到最後一秒才讓你看見要打的字。所以，這件事就只能這樣了，從現在開始，我會一直給你相同的挑戰，但是，你可以退出，真的，因為你已經完全瞭解我在幹嘛了。」

我接受了它的忠告，結束遊戲。

有時，如果我玩的剛好是自己擅長的遊戲，
我就能玩很久，並且取得驚人的成績。
然後，覺得無聊。

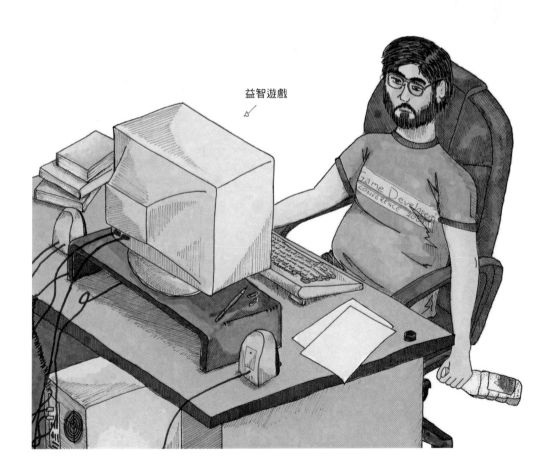

益智遊戲

太難的遊戲讓我覺得無聊，太簡單的遊戲也會讓我覺得無聊。隨著我的年紀增長，我玩的遊戲也一直不停地在改變，就像我的孩子從井字遊戲換到別的遊戲一樣。有時我和別人一起玩遊戲，當他們擊敗我時都會很好心地告訴我：「嗯，這就是個關於『頂點』*的遊戲。」然後我會回嘴：「頂點？我不過就是在板子上放東放西啊！」接著，他們就會聳聳肩，一副我是個蠢蛋的樣子。

所以，我決定要好好探索這些問題：遊戲究竟是什麼？有趣又是什麼？還有，為什麼遊戲會對人產生影響？我知道自己必須複習某些早已廣為人知的領域，像是一大疊的兒童行為發展心理學文獻，但事實上，我們並不希望只用嚴肅的角度來探討遊戲。

當我在撰寫本書時，有許多人也在探討這些問題。數位形式的遊戲，已經成為了一個巨大的產業。我們可以在電視上看到電動遊戲的廣告、我們開始爭論遊戲賺的錢是不是會比電影產業更多*，同時，我們也在苦惱，遊戲是否會導致我們的孩子產生暴力行為。現在，遊戲已然成為主流的文化力量。所以，我們也該來深入思考遊戲所帶來的種種問題了。

另一個我覺得值得探索的問題，就是家長往往會堅持要給孩子們玩耍的時間，因為，大家都覺得這對於童年時光來說是很重要的事，但，大家都認為在長大成人後，工作比遊戲更加重要。說實在的，我覺得工作和玩樂並不是全然不同的兩件事，接下來，我會說明自己如何得出這個結論。

為什麼有些遊戲很有趣，有些遊戲很無聊？為什麼
有些遊戲才玩了一會兒就開始無聊？為什麼有些
遊戲不管玩了多久，都讓人覺得很有趣？

…嗯
喔…

Chapter Two
大腦如何運作？

「遊戲」有很多種定義。

有個稱為「賽局理論」＊的領域，這個領域與遊戲有點關聯，與心理學有更多關聯，與數學，則是有非常緊密的關聯，不過，這個領域與遊戲設計沒什麼太大關係。賽局理論主要探討競爭者如何做出最佳選擇，通常用於政治學與經濟學，但在這些領域中，賽局理論中的選擇又經常被證明是錯誤的選擇。

在字典中查看「遊戲」這個詞，也沒什麼幫助。不過，當你不管定義，逕自開始探索時，你會發現生活中充滿了遊戲。在各種爭論中，遊戲總被認為是休閒活動或娛樂活動。但，有趣的是，沒有任何定義認為「有趣」是遊戲的必要條件：充其量，遊戲只是讓人休閒或消遣而已。

有幾位學者試圖定義「遊戲」，他們的定義真是包羅萬象。從羅傑‧凱盧瓦＊（Roger Caillois）的「這是種自發性…不確定性、沒有生產力，受到規則管束，並且是虛構的活動」，到約翰‧赫伊津哈＊（Johan Huizinga）：「在『日常生活』之外的…自由活動」，乃至於雅斯培‧尤爾＊（Jesper Juul）更加現代化及精確的：「遊戲是基於規則而來的形式系統，具有可變及可量化的結果，不同的結果被賦予了不同的價值，玩家們努力地做出各種行為來影響結果，並且覺得自己與結果密切相關，同時，活動的最終結局為可選擇且可協商。」

這些論述，完全無法幫設計師們瞭解何謂「有趣」。

人類是
　　非常
　強大的
模式比對
機器。

遊戲設計師們自行想出了一大堆令人困惑又相互矛盾的定義：

- 對於克里斯・克勞佛＊（Chris Crawford）這位心直口快的設計師和理論家而言，遊戲是娛樂活動的子集合之一，並且僅限於使玩家們相互衝突，阻止對方達成目標而已。遊戲只是娛樂這棵大樹上落下的葉片之一，其他葉片還包括了：各種供消遣的小東西、玩具、挑戰、故事、競賽⋯等等。

- 《文明帝國系列》經典電腦遊戲設計師席德・梅爾（Sid Meier）＊則給了遊戲一個著名的定義：「遊戲是一連串有意義的選擇。」

- 《Andrew Rollings and Ernest Adams on Game Design》＊的作者，恩內斯特・亞當斯（Ernest Adams）與安德魯・羅林斯（Andrew Rollings），將遊戲定義進一步地限制為「在模擬的環境中，進行一或多個有因果關係的系列挑戰。」

- 凱蒂・賽倫（Katie Salen）與艾瑞克・西瑪曼（Eric Zimmerman）在他們的著作《Rules of Play》＊中說：「遊戲是一個系統，在這個系統中，玩家們參與了由規則所定義的人造衝突，並且完成可量化的結果。」

這些定義讓人覺得自己很快就會被各種遊戲的分類搞到頭暈，事實上，很多簡單的事情在你深入探討時，就會變得無比複雜。但是，「有趣」不是件很基本的事嗎？為什麼我們找不到更加基礎的概念呢？

當我閱讀有關大腦如何運作的書籍時，總算找到了答案。根據書上所言，人類的大腦是個飢渴的「模式」吞食者，也就是個軟軟圓圓灰灰，並且不停吞吃概念的「小精靈」。遊戲對大腦來說，就是吃起來非常美味的「模式」。

當你看著孩子們學習時，你會從他們所做的事情中看出可識別的模式。不知為何，孩子們就是無法從「教導」中學習，所以，他們會先試著做一次。接著，他們絕對會犯錯，而且，他們必須讓自己犯錯。然後，他們會嘗試拓展事物的界限，測試自己可以做到什麼程度。就像是他們會看著同樣的影片一遍一遍又一遍⋯再一遍⋯⋯

一直盯著看，
就可以看出
圖上有
一張臉。

在孩子們的學習過程中看到的模式，可以證明我們的大腦是如何地受到模式驅使。我們一直在尋求模式的過程中尋求模式！臉，就是個最佳範例。你一定有過在木頭上、在牆上，甚至在人行道的汙漬上看到人臉的經驗吧？令人驚訝地是在人腦中，有很大一部分專門用來看臉，並且，我們會運用大量腦力來解讀人臉。當我們無法與他人面對面時，經常會曲解對方的意思，這就是因為資訊不足。

對於大腦而言，臉部辨識＊是與生俱來的能力，就像語言一樣，因為臉部表情對於人類社會的運作而言，有難以置信的重要性。在一堆卡通化線條中看出一張臉，並且解讀其中所蘊含的微妙情緒，就是我們的大腦最拿手的能力。

簡單來說，大腦就是為了填補空白而存在。我們一天到晚都在執行此種能力，頻率高到自己都沒有意識到自己正在這麼做。

專家說，其實我們並不如自己所想的一樣，對自己的行為有真正的「認知」。我們經常無意識地做某些事，但僅在我們對於週遭的世界有合理且準確的意象時，無意識才能有效運作。照理說，我們的鼻子其實會阻礙視野，但當我們用雙眼看出去時，大腦神奇地讓鼻子不見了＊。大腦究竟如何填補了那塊本該是鼻子的空白？答案很奇特，是**假設**——大腦根據雙眼所收到的資訊，以及我們先前所看見之事物所構成的合理架構。

假設是大腦最擅長的工作之一。我想，總有一天，這會讓我們感到絕望。

事實上，就算沒有任何模式，
我們也會設法「看出」模式。

BLAH,BLAH,
BLAH…

拉夫只是在
賣弄學問…

有個科學分支致力於瞭解大腦如何知道自己在做些什麼＊。並且已經有了許多令人讚嘆的發現。

我們已經知道，如果你讓某人看一部有許多籃球員的影片，並且事先告訴對方，請他計算影片中有多少個籃球員，那麼，這個人很可能會忽略背景中的大猩猩，就算這隻猩猩巨大無比，難以忽視也一樣＊。**大腦非常善於忽略不相關的事物。**

我們也發現，如果你讓某人進入催眠狀態，並且要求對方描述某項事物，那他們描述的詳細程度，會比在街上問相同問題時多出許多。**大腦注意到的事物遠比我們想得多很多。**

我們現在知道，如果你要求某人畫個東西，他非常有可能會畫出在自己腦海中存留的無特殊性，並且又具有代表性的版本，而不是畫出在他面前的實際物體（譯註：如蘋果）。事實上，要有意識地觀察事物的真實狀態，是很困難的一件事，而大部分的人，根本沒學過該怎麼有意識地觀察！**我們的大腦非常積極地對我們隱藏真實世界的樣貌。**

這一切都屬於「認知理論」＊，這個理論用一種神奇的方式來說明「我們如何認為自己知道那些我們認為自己知道的事。」其中，大部分都屬於「組塊」＊（chunking）概念的範例。

我們可是一直在「組塊」呢。

掌握了某個模式後，
我們通常會開始覺得無聊，
並且將這個模式圖像化。

如果我要求你仔細描述自己早上起床後到上班之間所做的一切，你可能會列出：起床、搖搖晃晃地走進浴室、沖澡、穿衣服、吃早餐、出家門，然後開車到公司。這看起來像是張很不錯的清單，但如果我要求你確切地說出某件事情的詳細步驟，狀況就不一樣了。就拿穿衣服來說吧，你可能沒辦法記得所有細節。你會先穿哪件衣服？是上衣？還是褲子？你的襪子放在第一個抽屜還是第二個抽屜？穿褲子時，你是先把左腳伸進褲子？還是右腳？左手還是右手會先碰到襯衫上的鈕扣？

如果你仔細回想，應該可以得出上述問題的答案。這一連串的行為被稱為「早上的例行公事」，因為，它就是例行公事。你會在無意識的狀態下，做完這一連串的活動。這整組例行公事已經在你的腦中「組塊」了，所以你必須動腦，才能想起每個步驟的細節。基本上，這組流程已經被「燒錄」到你的神經元中，所以你根本不用再「思考」下一步了。

無論上述的「思考」究竟是什麼，都一樣。

人類真的很擅於這麼做──我們開車時，
幾乎不會「真正地」看路

我們經常執行這些自動組塊化的模式 *。事實上，所謂的思考，大部分也是將記憶拿來與過去的經驗做類型比對。

事實上，我們眼見的大多數事物都是組塊模式。我們很少「真正地」看這個世界；我們只是識別那些已經組塊化的事物，然後就不再細想了。只要我們的大腦認同，就能輕易地用真實物件的紙板模型來組成整個世界。有些人可能會反對，並且提出「大多數藝術的本質，就是要讓我們看見事物的真實，而非我們心中對事物的假想」這種說法。關於樹的詩，會迫使我們細看樹皮的美、葉片的神秘、有力的樹幹，以及樹枝間的留白所產生之令人讚嘆的抽象感；這一切讓我們忽略了自己腦中信以為真的既定印象：「樹就是木頭，然後一片綠油油的葉子…之類的。」

當組塊中的某項事物，出現了與預期中不同的行為時，我們就有麻煩了 *。而且，這搞不好會害死我們。如果車子在路上瘋狂蛇行，而不是像平常一樣向前直行，除非，我們曾經對這件事做過組塊訓練，否則一般來說，我們無法在這種狀況下快速反應。可悲的是，有意識的思考其實很沒效率，如果你必須思考自己該怎麼辦，那更會搞砸一切。你的反應時間會以等比級數增加，然後你就完蛋了。

「我們生活在組塊的世界中」，這是個令人著迷的議題。當你讀到這裡，心中可能會有種怪異的感覺，並且問自己：「欸，我真的在閱讀嗎？」不過，我真正想討論的議題，其實是組塊與例行公事究竟從何而來。

如果事物改變，
並且不在既有的圖像中，
那我們就會大混亂。

人們討厭混亂。我們喜歡秩序——不是嚴格管制的那種秩序，而是有點組織，或有點變化的秩序。例如，在藝術史觀察中，我們可以發現一個悠久的傳統，就是有許多繪畫使用了稱為「黃金分割」*的秩序系統。基本上，這個系統只是把畫布空間切割成不同比例的方塊，但事實證明，這種做法能讓我們覺得整幅畫更加「優美」。

對於從事藝術工作的人而言，這並不是什麼特別的啟示。過量的混亂並不能吸引大眾，我們只會稱之為「噪音」、「醜」，或是「不成形」。我的大學音樂老師曾經說過：「音樂是有秩序的聲響與沉默。」其中，「有秩序的」這個形容詞，是整句話中最重要的字彙。

雖然，某些高度有序的音樂，對大部分人沒有吸引力，不過，也有很多人覺得咆勃爵士樂根本就是噪音。在此，我想為噪音提供另一種定義：**噪音是我們無法理解的模式。**

就算是靜態事物也有其模式*。如果隨機數會生成小黑點和小白點，那這些點點就擁有隨機數生成器的產出模式，雖然是個複雜的模式，但仍是模式。如果你剛好知道用於生成數字的演算法，也知道演算法的初始值，你就可以複製這個靜態模式。在可見的宇宙中，想要找到沒有模式的事物，其機率可說是接近於零。如果我們覺得某項事物是「噪音」，那大概都是我們自己的問題，不是宇宙的問題。

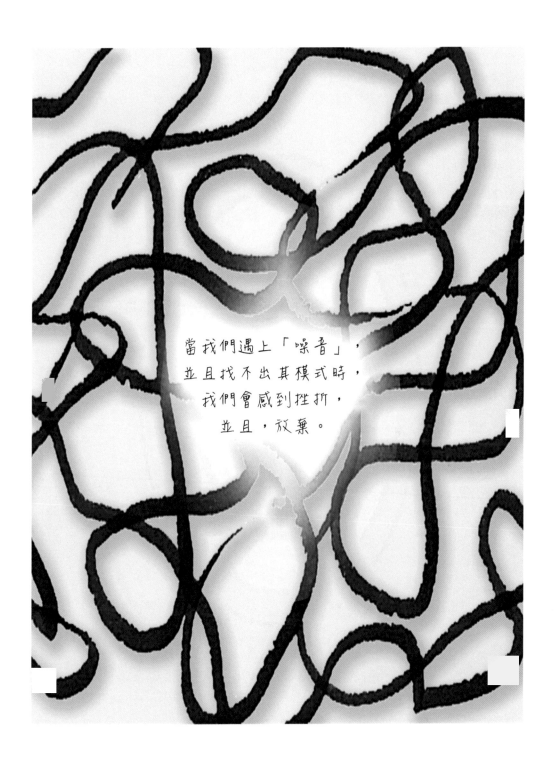

當我們遇上「噪音」，
並且找不出其模式時，
我們會感到挫折，
並且，放棄。

當你第一次聽到咆勃爵士樂時，可能會覺得這種音樂很怪，如果你平常聽的音樂是《Three Chords And The Truth》*這種老式鄉村搖滾，那你應該會像很多被孩子的音樂選擇所惹惱的爸媽一樣，將咆勃爵士樂稱之為「惡魔音樂」。

如果你能安然度過最初的厭惡感（這大概會持續個幾秒），那就有機會看出咆勃爵士樂內含的模式。舉例來說，你會發現降五度音*是爵士樂中的重要元素。接著，你會開始用手指輕輕地敲打預期中的 4/4 拍，然後發現自己搞錯了，原來是 7/8 或其他節奏。一開始，你可能會有點困惑，但當你完全瞭解時，就會感受到發現新大陸的那種快樂。

當你開始對爵士樂感興趣時，你會沉浸在其音樂模式中，並且開始期待出現那些你預期的模式。如果你能打從心中享受爵士樂，你就會開始覺得 alternating-bass* 類的民謠音樂風格，真是令人絕望的「平整」式無聊音樂。

恭喜，你剛剛已經組塊化爵士樂了。（呃，我希望這聽起來不會讓人覺得很討厭。）

但是，一旦我們看出模式，
我們就會滿懷喜悅地追蹤模式，
並且在模式再次出現時覺得開心。

這並不代表你已經徹底瞭解爵士樂了。在智力的理解、直覺的理解，以及透徹地理解某些事物之間，還有很長一段路要走。

「Grok（心領神會；徹悟）」是個很好用的單字。羅伯特‧海萊因（Robert Heinlein）在他的小說《異鄉異客》*中創造了這個字。這個字代表你透徹地瞭解了某些事物，甚至成為其中的一部分，或是愛上了該項事物。這種深刻的理解，超越了直覺或是同理（但這兩者是達到 Grok 前之必要步驟）。

透徹地理解與我們所說的「肌肉記憶」之間有許多共通點。有些認知理論的作者，認為大腦的活動有三種層面 *。第一層就是我們所說的「有意識的思考」。這種思考具有邏輯性、在基礎數學層面上運作、找出各種數值，並且列出清單。此層面的運作不算太快，就算大腦的主人是天才也一樣。當我們做智力測驗時，衡量的就是這一層的心智。

第二層的大腦活動非常緩慢。這些活動具備綜合性、關聯性，以及直覺性。大腦在這層活動中連結各種沒什麼意義的事物。此處就是大腦打包事物，並且將其組塊化的位置。我們無法直接與關乎自己如何思考的這個部分溝通，因為，這部分的腦根本不使用語言。大腦的這個層面常常出錯，但也是「常識」的來源（雖然這些常識經常相互矛盾，像是：三思而後行，但舉棋不定就會錯失良機。）此處，就是大腦建構「現實近似物 *」的地方。

我們稱之為「練習」，練習得越多，

最後一種大腦的思考活動，並不是思考。當你的手指不小心碰到火苗時，你會在大腦思考「這是怎麼回事？」前，就把手縮回來（不過，嚴格來說，這是經過『思考』的行為）＊。

將其稱之為「肌肉記憶」其實並不正確。肌肉沒有記憶，肌肉只是在電流通過時會收縮及伸展的大彈簧而已。肌肉記憶其實僅關乎於神經。人體的運作中，有很大一部分是基於「**自主神經系統＊**」，也就是說神經系統可以自行下決定。在這些人體運作中，你可經由學習來使用意識控制某些部分，像是心跳率；有些則是反射動作，像是讓手指離開火源；而有些，則是經由你自己訓練身體而來。

有個老笑話：某棟大樓著火了，底下聚集了一堆圍觀的人。有許多大樓住戶紛紛從窗戶跳下，讓消防員接住他們。但有個媽媽緊抱著孩子，不願意將孩子拋下，寧可等待救援。此時，在樓下圍觀的某個人喊叫說：「太太！別擔心，我是非常知名的橄欖球員！我一定接得住孩子！」於是，媽媽朝著他拋下了孩子。

可能是因為太緊張了，媽媽沒有拋準，那位先生稍稍跑了幾步，向孩子飛撲過去，接住他之後，在地上翻滾了幾圈，最後站了起來，高舉著他接到的寶寶，享受群眾的歡呼。所有人都嘖嘖稱奇，熱烈鼓掌。

接著，他把寶寶踢了出去。

呃⋯先把爛笑話放到一邊。這個例子說明了我們談論的不只是肌肉記憶，還包括了我們本能＊做出的整套決策。

我們就越不用思考自己的行動。

就拿彈奏樂器來舉例好了。我會彈吉他，大多數時間都是彈木吉他，有時，我也會彈鋼琴和電子琴。因為我有充分的音樂訓練，所以我也可以假裝自己很會彈班卓琴和山揚琴。

某年生日，我太太送了我一把曼陀林。曼陀林的音域和吉他不同——與小提琴比較相似、音格之間的距離比較小、和絃也完全不一樣，甚至有很多曼陀林的演奏技巧與吉他的完全不同。彈奏出的聲音持續時間較短，使用的樂理詞彙也不一樣。雖然如此，對我來說要彈奏曼陀林並非什麼難事。

理由不僅僅是肌肉記憶；肌肉記憶只是給了我能在指板上快速移動手指的能力，但並非完整的演奏能力。舉例來說，在兩種不同樂器上需要移動的手指距離十分不同，而手指該移至何處也十分不同。我能彈奏曼陀林的原因，只是因為我玩吉他超過二十年了，對於弦樂器有非常透徹的理解，所以我能創造出可運用的組塊知識庫。在玩吉他的這些年中，我同時也研究了許多艱澀難懂的相關知識，讓自己能更深入瞭解音程、掌握節奏，處理和聲的進行方式＊。

建立知識庫的過程，我們稱之為「練習」＊。有許多研究顯示，你甚至不需要「身體力行」也能練習。你只需在腦中想像如何進行這一切，就可以達成練習的效果。很明顯地，這就是大腦在工作，而非肌肉工作的證明＊。

當我們的大腦「認真地」練習某些事物時，我們通常會夢到與其相關的一切。大腦的直覺區塊會將神經通路「燒錄」進我們的大腦中，將我們掌握到的新模式，轉化為能夠與已知事物合為一體的樣貌。最終目標是要將這些新模式轉化成「例行公事」。老實說，以我的經驗來看，大腦並不喜歡一而再，再而三地進行此流程。

作夢

開車

每日三餐

基本上，鍛鍊大腦活動
是很有趣的事。

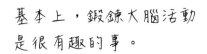

休閒娛樂

遭遇不幸

Chapter Three
遊戲是什麼？

究竟是什麼將我們帶向遊戲？

如果回頭看看我先前提到的那些關於「遊戲」的定義，你會發現其中有些共通之處。首先，這些定義都認為遊戲僅存在於「只屬於那個遊戲」的世界中；另外，他們都認為遊戲是模擬的形式系統，或是像赫伊津哈所說：與現實世界不相連的「魔力循環」。這些定義都認為選擇或規則很重要，衝突也同樣重要。最終，大多數的定義都認為遊戲是不真實的事物，是用來「假扮」的事物。

但是，對我來說，遊戲相當真實。因為遊戲刻畫了這個世界中具有代表性的模式，所以看起來可能像是現實世界的濃縮精華。較之於現實中事物的實際狀態，遊戲更像是我們腦中對事物的視覺化結果。這是由於我們對於現實的看法，基本上是某種抽象概念 *。我稱其為「沖蝕」。

遊戲中刻畫的模式，在現實中可能存在也可能不存在。例如，沒有人會說井字遊戲在模仿對戰。但是，那些我稱為「模式」的規則，和我們面對現實事件（如「被火燙到」及「如何開車」）的處理方式完全相同。

這個世界充滿各種系統，我們可以選擇用遊戲的方式來瞭解它們，從另一個角度來說，運用遊戲的方式來瞭解這個世界，我們就能讓這些系統成為遊戲的一部分。遊戲，就是待解的謎團，就像我們在生活中所遇到的一切。遊戲與學習開車、彈奏曼陀林，或是九九乘法表一樣。我們學習其深層的模式、嘗試完全掌握訣竅，最後在腦中歸檔，以便有需要時可以重複執行。遊戲與現實世界中唯一真正不同點，就是利害關係輕多了。

遊戲就是謎團。

遊戲具有獨特性，我們可以把遊戲看成等待大腦來咀嚼的集中數據塊。因為這些數據塊除了抽象之外，還擁有代表性，所以很容易被人體吸收。同時又因遊戲是形式化的系統，所以會排除掉讓我們分心的額外細節。我們的大腦通常需要非常努力地工作，才能讓凌亂的現實世界變成像遊戲一樣清楚明確的事物。

換句話說，我們可將遊戲當成強而有力的基礎學習工具。在書中讀到「此地圖並非領土」*是一回事，但在遊戲中，你的軍隊被敵人包圍擊潰，這句話對你來說又是另一回事了。如果是因為地圖未反應遊戲狀態而導致後者發生，即使沒有真正的軍隊入侵你的家園，你仍舊能瞭解「此地圖並非領土」的真正意義。

從這個角度看，玩具與遊戲，或是玩耍與嬉戲之間的區別，似乎有點不相關。有很多論述企圖說明玩耍沒有目標，但遊戲有目標；玩具比遊戲更著重於讓人毫無重點地玩耍；辦家家酒是玩耍的形式之一，並非遊戲。

遊戲設計師可能會覺得這些差異很有幫助，因為這些差異能提供他們方向。但這一切在最基礎的層面上其實是相同的事物。這或許就是語言無法清楚地將「玩耍」、「遊戲」，以及「嬉戲」區分開來的原因。玩「目標導向」的遊戲時，需要瞭解特定類型的模式；玩「扮演」遊戲時，需要瞭解另一個人。這兩者理所當然地屬於同一種類別：「標誌化地呈現我們可以藉以練習，並且從中學習的人類經驗。」

想像一下書籍與不同類型遊戲之間的主要差別。書籍可以讓我們大腦的邏輯思考部分運作，真正會讀書的人，有能力將書中的訊息直接吸收進自己的潛意識和直覺中。但書籍永遠無法像遊戲一樣，在某種程度上加快 Grok（徹悟）的過程，因為你無法在讀書時練習模式，或是重新排列模式的運作方式，當然，書也不會給你任何互動回饋＊。

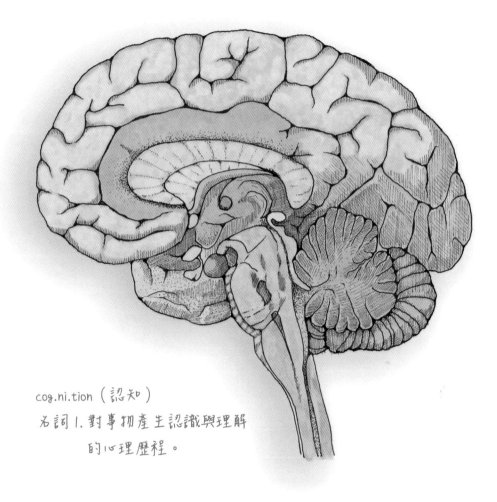

cog.ni.tion（認知）

名詞 1. 對事物產生認識與理解
　　　的心理歷程。

〔源自拉丁語 Cognitio〕

就是關於認知，
以及學習分析模式的事物。

語言學家發現，「語言」遵守相當嚴格的數學規則。舉例來說，人類無法瞭解套了太多層的句子 *。「那隻狗追的那隻貓抓的那隻老鼠吃的那塊起司存放的那棟房子是傑克蓋的。」這個句子真的糟透了，因其違反了語言規則。所有的子句和形容詞層層疊疊套到沒人聽得懂重點在哪。當然我們可以運用大腦的慢速邏輯思考部分來理解這個句子，不過，這其實與我們的天性相違背。

遊戲也有類似的限制。遊戲的本質就是要讓大腦活動，所以，無法讓大腦活動的遊戲就很容易讓人覺得無聊。這就是最終沒人愛玩井字遊戲的原因。井字遊戲的確可以讓大腦活動，但因其過分侷限，所以我們不需要花很多時間就會開始覺得無聊。隨著我們學習到越來越多模式，遊戲就需要有越來越多的創新事物才能保有吸引力。練習完成遊戲的要求可以讓我們覺得遊戲很新鮮，但那也只有一陣子，大部分時候，我們會說：「喔，我懂了。我不用再練習這個任務了。」然後，我們就會去玩下個遊戲。

幾乎所有精密設計的遊戲，最終都會走向這一步。這些遊戲都是有限的形式系統。如果你持續地玩這種遊戲，最終，你會完全掌握所有的可能性。在此意義上的遊戲，就等同於拋棄式遊戲，你也會不可避免地感到無聊。

「有趣」這件事，來自於「擁有豐富解譯性」的情形 *。嚴格定義規則與情境的遊戲會受到數學分析的影響，從而產生其自身的限制。我們不會認為瞭解道路規則和汽車控制就會開車，但過分形式化的遊戲（例如大部分的棋類遊戲），都僅有少許幾個變數，所以你通常能根據已知規則推斷出遊戲的進行狀態。這對於遊戲設計師來說是很重要的啟示：你越嚴格地建構遊戲，你的遊戲就會有越多限制 *。如果要讓人們持續玩你的遊戲，設計師必須整合那些我們不知道答案的數學問題，或是加入更多如人類心理學、物理學的變數（以及更少的可預期變數）…等等。這些都是來自於遊戲規則與「魔力循環」之外的要素。

（如果對遊戲來說有什麼堪可慰藉的事，那就是賽局理論也會失效——因為心理變化不是數學可預測的範圍。）

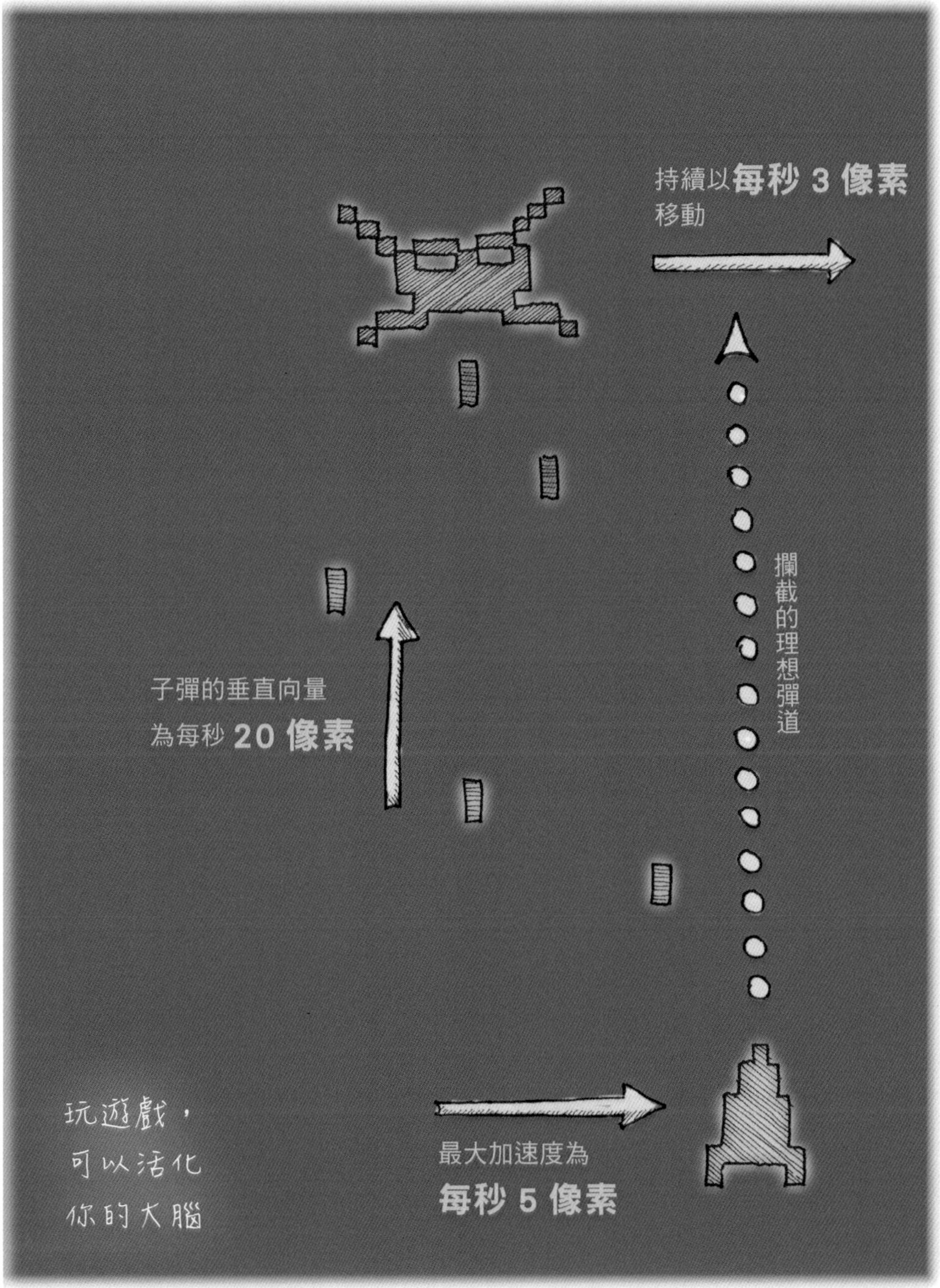

持續以**每秒 3 像素**
移動

攔截的理想彈道

子彈的垂直向量
為每秒 **20 像素**

最大加速度為
每秒 5 像素

玩遊戲，
可以活化
你的大腦

這最終帶我們走向本書標題，以及最基礎的問題：有趣（Fun）是什麼？

如果你深入探究這個字，你會發現這個字來自於「Fonne」，在中世紀英文裡，這個字代表「蠢」；或是你會發現這個字來自於「Fonn」，在蓋爾文中，這個字代表「快樂」。不管是哪一種，有趣的定義都是「歡樂的泉源」。這可以透過物理刺激、審美欣賞，或是化學藥物來達成。

有趣就是讓我們的大腦感覺良好，從而釋放腦內啡＊到我們的系統中。有許多複雜的化學反應可以經由不同方式刺激感官。科學已經證明我們在聽到異常美妙的音樂或是看完一本絕妙書籍後脊椎所感受到的快感，與吸食古柯鹼、性高潮，或吃完巧克力之後的快感來自於同一種化學物質。基本上，我們的大腦隨時隨地都在嗑藥。

這種藉由釋放出的化學物質來觸發我們良好感受的時刻之一，就是當我們瞭解某個事物，或是全盤掌握某項技能而感受到成功之時。這種時刻總會讓我們會心一笑＊。畢竟，學習對於物種的生存極為重要，所以身體會給我們片刻的快樂做為獎勵。透過遊戲找到快樂的方式有很多，接下來我會談論其他類型，不過，我認為學習是最重要的一點。

遊戲給我們的快樂來自於「掌握」、來自於「瞭解」。是解決謎團的行為本身，讓遊戲變得有趣。

換句話說，透過遊戲這個媒介，學習也會變成興奮劑＊。

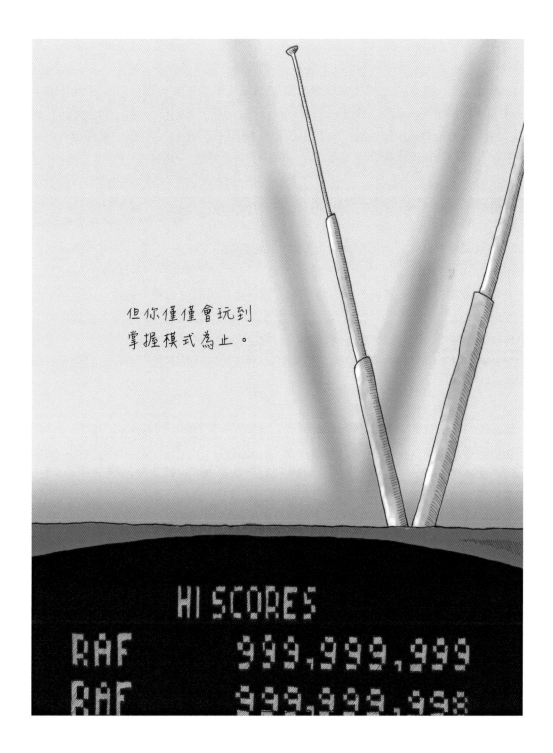

但你僅僅會玩到
掌握模式為止。

厭煩則是學習的對立面。當遊戲無法再繼續教我們任何新東西時，我們就會覺得無聊。當大腦丟出尋找新資訊的訊息時，我們就會感到無聊。當眼前的事物已經沒有任何可以吸收的新模式時，你就會有這種感覺。舉例來說，如果有本書很無趣，讓你完全不想讀下一章，那就代表這本書沒有展示迷人的模式。當你覺得某段音樂一直重複，或是毫無創意時，你就會因為沒有任何關於認知的挑戰而覺得無聊。當然，如果有個超出你能理解的模式出現，你可能也會覺得無聊。

我們不應該低估大腦對於學習的渴望。如果你把某個人關在一個剝奪感官的房間中，他或她很快就會變得非常不開心。大腦需要刺激，隨時隨地都在嘗試學習事物、嘗試將資訊整合進已存在的世界觀。大腦對於新事物的慾望，永遠不會滿足。

這並不代表大腦只渴望擁有新的體驗，大腦其實是渴望擁有新的數據。它需要新數據來充實現有的模式。新的體驗可能會強迫弄出一個全新的系統，而大腦通常不太喜歡從頭做工。因為這具有破壞性，而大腦不喜歡做那些原本沒預期的工作。這就是大腦會在第一時間將資訊組塊化的理由，也是我們針對「感官剝奪」所發展出相對術語──「感官超載」──的原因。

當遊戲無法在其展示的謎團中繼續揭露新事物時，遊戲就會變得無聊。但是，遊戲必須在像是錫拉（Scylla）和卡力布狄斯（Charybdis）＊的剝奪與過載之間、過多秩序與過多混亂之間、沉默與噪音之間，努力地取得平衡點。

這也就是說，玩家很容易在遊戲真正結束前感到無聊。畢竟，人類是非常強大的模式比對機器，也很善於忽略那些與腦中模式不相容的噪音或沉默。

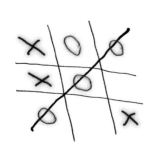
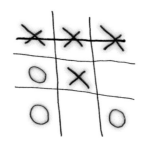
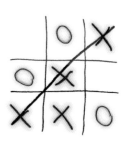
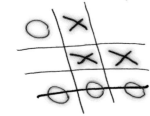
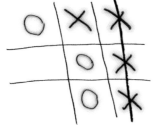
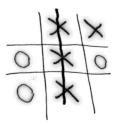
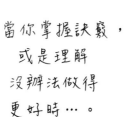
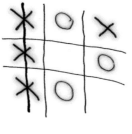
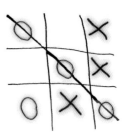

當你掌握訣竅，
或是理解
沒辦法做得
更好時…。

43

厭倦感可能會以下列方式，打擊與扼殺你原本應從遊戲中感受到的愉快學習體驗：

- 玩家可能在最初的五分鐘就完全理解遊戲的運作方式，然後遊戲就會像成人看待井字遊戲一樣，被當成毫無價值的東西踢到一邊去。這不代表玩家已經確實地戰勝了遊戲，她可能只是剛好抓到還過得去的戰略或啟發，於是就不想再玩了。這樣的玩家可能會說「太簡單了啦！」接著結束一切。

- 玩家可能會發現這是個有深度的遊戲，擁有成千上萬的排列組合可能性，不過，這些可能性完全無法引發他們的興趣。他們可能會說：「喔，對啊，我知道棒球很有深度，可是記得過去 20 年的打點（RBI）數據 * 對我來說一點用都沒有。」

- 玩家可能完全找不出遊戲的模式，這世界上，沒有比噪音更令人厭煩的東西了。「這太難了。」

- 遊戲模式出現新變化的速度過慢。即使遊戲很有深度，但這仍會讓玩家覺得該遊戲沒什麼特別之處，進而放棄。「難度斜坡上升的速度太慢。」

- 另一種可能，就是遊戲模式出現新變化的速度過快，這會讓玩家因為無法掌握模式而放棄，因為這種遊戲對玩家而言，又變成噪音了。他們會說：「這未免也太快太難了吧！」

- 玩家可能精通模式中的一切，從而讓有趣的感覺消失殆盡。「我已經完勝了。」

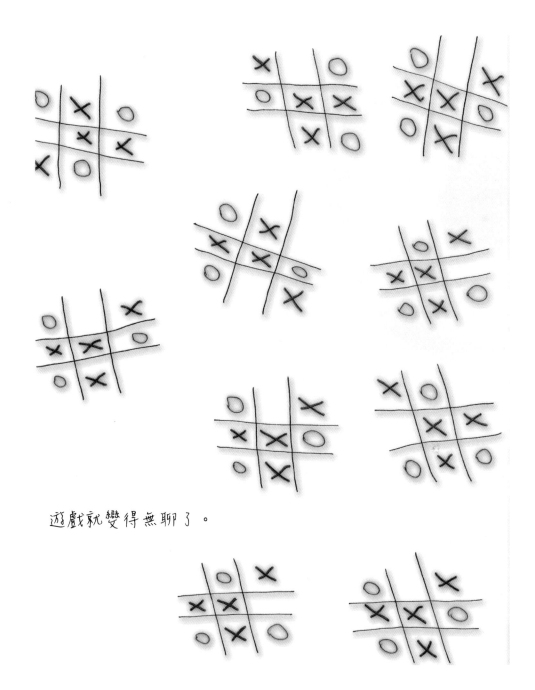

遊戲就變得無聊了。

上述的任一點，都會讓玩家覺得無聊。事實上，有些狀況是讓玩家覺得無聊＋挫折，有些是無聊＋勝利…等等。如果你的目標是要「讓事物保持有趣」（請將「」中的句子讀做『讓玩家持續學習』），厭倦感就是你失敗的訊號。

所以，好遊戲的定義應該是：「在玩家放棄之前，可教導玩家其內含之所有事物」的遊戲。

到頭來，所謂的遊戲就是**老師**。有趣，只是學習的另一種說法＊。遊戲告訴你現實工作的樣貌；遊戲教你理解自己的方法；遊戲教你如何了解他人的行為；遊戲教你如何想像。

所以，問題來了：為什麼對大多數人來說，學習如此無聊？我們幾乎可以肯定地說出答案：因為傳達方式錯誤。當我們要讚揚老師時，我們會說：「他們讓學習變得有趣了。」從這個方面來說，遊戲也是好老師…只是，遊戲教了些什麼？

無論如何，我為過世的爺爺找到了答案，而且，看起來我所做的一切與我的阿姨叔叔們一樣正當。消防員、木匠，以及…老師。

基本上，所有遊戲都是寓教於樂。

Chapter Four
遊戲教了我們什麼？

如果你想成為一名遊戲設計師，其實並不需要接受任何正規訓練。目前大部分的專業遊戲設計師都是自學而來。而這種情況也在快速改變中，潮流所趨，讓全國甚至於全球，都有許多大學開設了培養遊戲設計師的課程。

當初我上學讀書，主要是為了成為一名作家。我滿懷熱情地相信寫作的重要性，也相信小說有不可思議的力量。透過故事，我們學習到許多不同事物；透過故事，我們成為了現今的樣貌。

針對「有趣」這件事的探究，讓我對遊戲得出了類似的結論。不過，我必須承認，故事與遊戲以迥異的方式，教導我們全然不同的事物。遊戲系統（此處所指並非特定遊戲的視覺效果與呈現方式）通常沒有所謂的「道德」觀念；同時，也不像小說一樣擁有主題。

最懂得如何有效地將遊戲當成學習工具的人，就是年輕人。當然，每個世代都會有人一直玩遊戲到老（還有誰在玩皮納克爾嗎？*），但隨著我們的年紀增長，我們就越容易把這些活到老玩到老的人當成異類，即使電動遊戲的普及化稍稍改變了這種觀點，但遊戲仍被視為不正經的東西。在《聖經》的《哥多林前書》中：「我作孩子的時候，說話像孩子，心思像孩子，想法像孩子，既然長大了，就把孩子的事都丟棄了。*」但是，孩子們說的話都很誠實──有時甚至太過誠實了點。他們對事情的推論沒有受到現實的侵害，只不過是少了點經驗而已。我們通常覺得遊戲是孩子氣的東西，但事實真是如此嗎？

這對我們來說一點也不稀奇，
畢竟，所有物種的「年輕人」都愛玩。

我想說的是，我們並沒有真的捨棄「有趣」這個概念，我們只是將「有趣」植入其他事物中。舉例來說，有很多人會說工作很有趣（包括我）。有時，僅僅是和朋友待在一起，也足以讓我們渴望的腦內啡小爆發。

我們也沒有拋棄建構現實生活的抽象模型，以便從中練習人生的概念。我們會在鏡子前練習演講、我們會定期做消防演練、我們會參加培訓課程，甚至會在心理療程中進行角色扮演。我們的生活中充滿遊戲，只不過，我們不稱其為遊戲。

隨著年齡增長，我們認為自己應嚴肅以待週遭事物，並且將孩子氣的小玩意兒拋在腦後。這是對於「遊戲」的價值評斷？還是對「特定遊戲內容」的價值評斷？我們是不是真的覺得消防演練的內容很重要，所以捨棄了讓它「有趣」的念頭？

最重要的是，如果消防演練是有趣的活動，那我們做起來會不會更有效率呢？有個被稱為「遊戲化」的設計法，這個方法嘗試使用遊戲中的誘因（如獎賞結構、點數…等等）來讓人們對其供應品產生更多興趣。這種方法是否遺漏了遊戲的重點？通常，這種系統的頂端都缺少了好遊戲所該擁有的豐富解譯性。只有獎賞結構並不代表是個遊戲＊。

隨著年齡增長，有些遊戲變得很嚴肅。

如果遊戲是現實生活的精華模型，那麼遊戲教我們的事，也必然會反映現實的樣貌。

最初，我認為遊戲是假想現實的模型，因為遊戲與我所知的現實往往不相同。

但當我更加深入地探討時，我發現就算只是令人沒勁兒的超抽象遊戲，也仍舊忠實地反應了潛在的現實。那些跟我說「遊戲和『頂點』有關」的人，其實都沒說錯。因為形式規則集在本質上是數學結構，所以最後會以數學原理的反映形式告終。（形式規則集是大部分──但並非全部遊戲──的基礎，有些遊戲是非形式規則集＊，但你不用想也知道，如果有人在下午茶聚會上違反了遊戲潛在的假設規定時，孩子們一定會哭著說「不公平啦！」）

不幸的是，許多遊戲只做到了反映數學結構這一點而已。

遊戲為我們準備的現實生活挑戰，幾乎都是些基於機率計算而來的特有事件。遊戲教我們如何預測事件。有非常多的模擬對戰遊戲，即使看起來像是教你蓋房子的遊戲，事實上也蓋的很有競爭性。

因為我們基本上是階級鮮明，並且高度部落化的靈長類動物＊，所以在我們幼年時期玩的遊戲中所學到之基礎課程，都與權力和地位有關。這並不是特別值得驚訝的事，想想看這些「課程」在現今社會，不管身屬何種文化，卻仍占有舉足輕重之地就能明白了。遊戲總是教我們如何運用「工具」，成為頂尖的猴子。

「這不過就是個遊戲啊。」
這句話隱含了玩遊戲
只是對現實人生挑戰的「練習」之意。

遊戲也教我們審視週遭的環境或空間＊。有些遊戲要我們把各種奇形怪狀的物件組合起來，有些遊戲則要我們瞭解如何看出能量在網格上投射的隱形線條，這些遊戲都盡力地教我們關於領域的概念，這其實也是井字遊戲的本質。

空間關係對我們來說當然非常重要。有些動物可以運用地球磁場來環遊世界，但我們沒辦法。所以，我們改用地圖來理解世界，在地圖上除了空間之外，我們還加上了各式各樣的事物。如果我們是遊牧民族，那麼，學習如何解讀地圖上的符號、評估距離、評估風險，並且牢記各個隱藏物資的地點，會是十分重要的生存技能。大多數的遊戲融入了空間推理元素。這些空間可能會像是我們在足球場上看到的笛卡兒坐標空間＊；或是可以在「跑道」式圖版遊戲中看到的「有向圖＊」，數學家甚至可能會說網球場之類的空間可以同時成為上述兩者＊。分類、整理，並且練習掌控空間中事物的能力，是所有類型的遊戲基礎課程之一。

審視及檢驗空間也符合我們身為工具製造者的天性，我們喜歡瞭解物件如何相互組合＊。事實上，我們經常將其抽象化──我們玩的遊戲不僅僅是要讓事物實質地結合，還必須也在概念上結合＊。我們將溫度等不可見的事物做出對應量測；我們製作社會關係對應圖（事實上就是一些邊線與頂點組合起來的圖形）；我們隨著時間不停地將各種可見或不可見的事物，制定為我們可以理解的量測狀態。當我們玩分級分類的遊戲時＊，就像是在擴展各種事物之間的心智圖。擁有這些圖，我們就能推斷這些事物的行為模式。

有些遊戲教我們空間關係。

探索概念性空間，是我們在生活中取得成功的關鍵。然而，僅僅理解空間，以及其運作的規則並不夠。我們也需要理解這個空間對於施加其上的能量，會有什麼樣的反應及變化。這就是遊戲會隨著時間不斷進展的原因，幾乎不存在僅擁有單一回合的遊戲＊。

我們可以試著想像一個使用六面骰的「機率遊戲」。在這個遊戲中，我們的可能性空間為 1 到 6 的數值。如果你和某人一起玩這個遊戲，比較擲骰子的結果，那這個遊戲很快就會結束。你也可能會覺得自己對於遊戲結果沒有控制力。或者，你會認為這類型的活動並不能稱之為遊戲。但事實上，這當然是個遊戲，只是你只能玩一個回合。

不過，我剛剛所說的這種遊戲，事實上是為了要教導我們何謂「機率」而設計。你通常不會只玩一個回合，隨著擲骰子的回合數增加，你就會學到「機率」運作的方式。（不幸的是，你通常會證明自己根本沒學懂這堂課，尤其是在賭錢時＊。）透過實驗，我們可以知道大腦很難掌握與機率相關的事。

探索可能性空間，是唯一能瞭解這個空間的方法。很多遊戲會重複地丟給你不斷改變的空間，讓你探索其中反覆出現的訊號。現代的電動遊戲會給你工具，讓你在複雜的空間中行動，當你結束眼前的這個空間時，遊戲就會給你另一個空間、再另一個、再另一個…。

在探索行動中，某些重要的部分與記憶有關。有很多遊戲需要你回想及管理極為漫長又複雜的訊息鏈。（想想玩 21 點＊或多米諾骨牌＊時算牌的感覺吧。）有很多遊戲會將徹底探索可能性空間作為勝利條件之一。

有些遊戲教我們探索空間。

最後，大部分的遊戲都與權力相關。就算是童年時期那些天真無邪的遊戲，也往往在核心中包含了暴力。「扮家家酒」就是種爭奪社會地位的遊戲。在這個遊戲中有很豐富的層級，小孩可以將自己定位成對於其他孩子具有（或不具有）權威性的角色。他們遊戲的方式，與父母們在他們身上行使權力的方式相同。（這是一幅小女孩甜蜜又可愛的理想圖，但在現實世界中，其實是兇惡地尋求身份地位的小團體＊。）

想一下最近引起注意的遊戲：射擊＊、格鬥＊，以及戰爭遊戲。這些遊戲彰顯了對權力的熱愛。上述遊戲與「警察抓小偷」之間的差異小到玩家根本不會注意。其實，這些遊戲都著重在反應時間、戰術觀念、評估對手弱點，以及判斷何時發動攻擊。就像彈吉他，事實上只是讓我學會了基本壓弦技巧，進而可以較為輕鬆地彈奏曼陀林一樣，這些遊戲教會我們許多與企業環境相關的技巧。我們很容易注意到特定遊戲的明顯特性，但卻遺漏了其精妙之處：無論是警察抓小偷，或《絕對武力》＊，其背後真正的課程是團隊合作，而不是射擊準確與否。事實上，拿把虛擬假槍在那邊射來射去，比拿真槍教你如何射擊更糟糕＊。

仔細想想吧：比起神槍手，團隊合作是更佳致命的武器。

有些遊戲教你如何精確瞄準。

有很多遊戲，特別是那些已經演變為奧運會上經典競賽項目的運動，其實都可直接追溯至原始人在極度艱困之環境中的生存需要。有很多我們做起來很有趣的事，其實都是在訓練我們成為更好的山頂洞人。我們學了很多過時的技能，現今，大多數人根本不需射箭就有東西可以吃，當然，跑馬拉松或其他長跑，也只是為了慈善基金募款而已。

太多過時的遊戲，現在已經沒有人要玩了。在二次大戰期間，甚至還出現過配給物資遊戲＊。

然而，我們仍舊會在增強生活技能後覺得開心。當某種感覺，在我們的爬蟲類腦袋深處催促我們繼續練習瞄準或放哨時，其實我們是在改進遊戲，讓遊戲更適合我們的現代生活。

從警察抓小偷到扮家家酒，
玩耍所訓練出的技能，
讓我們擁有了進化優勢。

舉例來說，在我收集的遊戲中，有很多與大規模地建構網路（譯註：非指網際網路）有關。山頂洞人並不會建造鐵路網或是用水管線。隨著人類進化，我們的遊戲也改變了。早年的西洋棋遊戲中，皇后並不像現在這麼威力驚人＊。

在祖先們的生活中，農耕佔據了許多時間，但在工業化社會中卻並非如此。以前玩非洲棋＊，玩家會持續「播種」，並且運用「駐防」規則扭轉局面。在某些非洲棋的變體遊戲中，你不可以讓對手一顆種子也不剩。

有很長一段時間，我們僅有少數幾種與農耕相關的遊戲，這可能是因為我們不需要日常活動的模仿遊戲。當農耕遊戲以休閒線上遊戲的形式強力回歸時，其實已經變成了經營遊戲，而非輪作作物及農耕合作的遊戲。目前我們看到的農耕遊戲，完全無法讓你用莊稼養活自己＊。

總括而言，隨著人類歷史發展，一般人都有了算術基礎，遊戲所需的數學複雜程度也跟著急速上升。曾經，只有社會上層菁英才能玩文字遊戲，但現在這已成為了大眾遊戲。

遊戲的確改變了，只是，速度可能不像我們所想的那麼快，畢竟，幾乎所有遊戲的核心仍舊是同樣的活動，只是需要不同的技能：資源分配、軍力投送、領土控制…而已。

遊戲在某些方面與音樂非常相似（音樂更加地受到數學所驅動）。音樂擅長於表達某些事物，在音樂傳達的事物中，最重要的是情感。但以傳達媒介而言，音樂不太能傳達超出其「最佳施力點（Sweet Spot）」以外的事物。遊戲也有「最佳施力點」，像是：控制、投射、環境、競爭、記憶、計算等等這些主動動作，遊戲都能有非常良好的表現。同時，遊戲也擅於量化。

相較之下，文學可以處理上述一切，甚至遠多於上述一切。隨著時間流逝，基於語言而出現的傳達媒介，可處理的主題越來越多，也越來越廣泛。較之於文學，遊戲系統是否和音樂一樣有更多的限制呢？

單純系統所傳達的內容廣度，可能遠不及文學所能辦到的一切。不過，遊戲有能力針對更加豐富且複雜的情況建構模型，而非僅僅假設。《強權外交（Diplomacy）*》這類型的遊戲就是很好的證明，這個遊戲讓玩家在規則限制中，將相當微妙的不確定因素建構成模，而傳統的角色扮演又能在另一方面達到文學提供的高度*。僅管如此，對於遊戲這種傳播媒介而言，與文學之間的對抗仍舊是一場艱困的戰役，不為什麼，只是因為遊戲的核心價值，是要教導我們生存技能。你知道，當人擔心生活與生存時，就不太會在乎那些更加精緻優雅的事物。

當然，遊戲是種「複合式」的媒體，遊戲中有故事、有藝術，還有音樂。這一切同時運作，創造了遊戲系統。從這一點來說，遊戲可以表達出令人難以置信的內容廣度，並且擁有目前尚未發揮出來的潛力。

時機

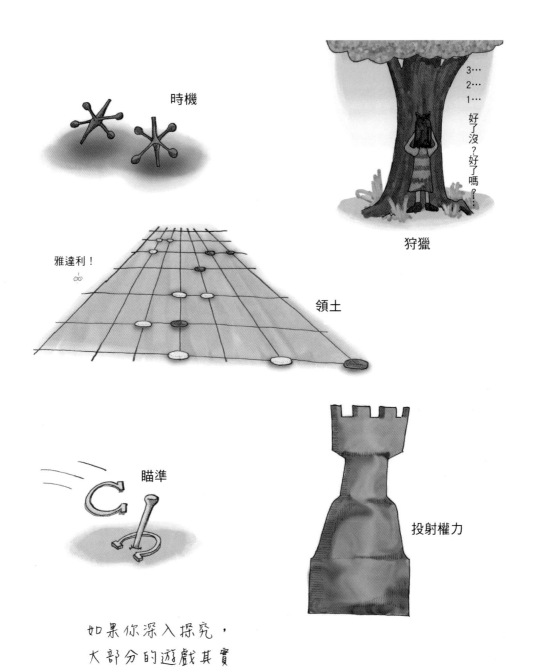

3…
2…
1…
好了沒？好了嗎？……

狩獵

雅達利！

領土

瞄準

投射權力

如果你深入探究，
大部分的遊戲其實
只教我們幾件事而已。

65

我們其實可以問問自己，在現今的世界中，普遍需要何種技能。遊戲，應該朝向教導我們這些技能的方向發展。

實際上，孩子們玩的遊戲類型十分有限，這麼多年來也沒什麼特殊變化。小孩子需要學習的基礎技能也同樣有限，也同樣沒什麼改變。或許我們需要多一點使用觸控螢幕的遊戲，不過孩子們的遊戲大概也就是這樣了。另一方面，成年人可以運用教導我們更多相關技能的新遊戲來學習。現在的我們，幾乎不需狩獵以維持溫飽，生活中也不會隨時隨地發生危險。當然，訓練自己擁有某些山頂洞人的能力，仍有其價值，不過，我們需要因應環境而有所改變。

有些山頂洞人的特質到現在仍與我們息息相關，但因為環境條件改變了，所以我們也需要改變。有個關於人類為何會感到噁心的有趣研究，其結論是：我們會感到噁心，是為了生存所帶來的影響。噁心感會讓我們與灰灰綠綠、黏糊糊的東西保持距離＊。因為這種類型的東西，往往充斥著病原。

今日，有危險的東西可能是亮藍色的液體（請勿飲用水管清潔劑），但我們對這類型的東西並沒有天生的厭惡感。事實上，把清潔劑做成亮藍色，只是為了讓它看起來無菌又乾淨。這個例子代表我們應該訓練自己，加強本能，因為，在廚房水槽下方，絕對不會有任何我們可以喝的東西。

大部分
都只在
我們演化
初期有用。

67

在我們的新世界中，某些需要學習的新模式可能會違反我們的本能行為。例如，人類是群居動物，除了喜歡讓自己進入由大人物領導的群體以外＊，我們也會認為這種行為對自己有益。於此同時，我們也討厭那些不屬於自我部族的團體＊。我們很容易覺得「非我族類，其心必異」，特別是當其他部族看起來與我們不同，或是行事風格不同時尤是。

這可能曾經是生存本性，但現在不是了。我們的世界越來越相互依存，如果地球另一端的貨幣價值崩壞了，我們本地的牛奶零售價很可能會受到影響。對於不同部族欠缺同理心和理解，或是抱持排外主義，在現今世界中，會產生很大的影響。

大多數的遊戲都鼓勵把對手「妖魔化」，並且以「非我族類」的方式來對待，這類型遊戲教我們要冷血殘酷，因為這才是有效的生存特質。但從歷史角度來看，除了羅馬軍犁過該地並且「灑鹽」的第三次布匿戰爭傳說之外＊，我們不需要也不想要「焦土」式勝利。所以，我們是否能夠創造出教導洞察現代世界如何運作的遊戲呢？

如果要我指出在現今遊戲設計中，企圖強化的其他基本人類特質，以及可能已經過時的某些事物，我可能會說：

- **對領袖的盲從，以及對宗教的狂熱崇拜**：我們在遊戲中會這麼做，只是因為「這是遊戲規則。＊」

- **僵化的階級結構或二元性思維**：因為遊戲是簡化的量化模型，這通常會加強與階級、工作、身分，或是其他流動性概念的相關觀念。

- **使用武力來解決問題**：當我們在下棋時，並不會打算與對手簽訂任何條約。

- **同類追尋同類，或反向言之，排外**：在無數的角色扮演遊戲中，我們瘋狂屠殺獸人。

其實，遊戲可以濃縮為少數幾個模式，
並非令人驚訝的事。

畢竟，身為山頂洞人，
我們必須能在變化多端的環境中，
辨識出食物，
或是危險。

無論好壞，遊戲都已經為這幾個相同的主題敲響了改變的鐘聲。在某些爬蟲類的大腦深處，可能玩玩跳躍遊戲＊就已深感滿足，但是，你現在可能會想：迄今，我們大概已經用了各種可能的方法跳過各種東西了。

在我第一次玩遊戲時，所有的一切都基於方格（tile-based）＊進行，這代表你在不連續的方塊中移動，就像是你在鋪滿磁磚的地面上一格又一格地跳躍一樣。現在，你可以使用更自由的方式移動，但這之中改變的是「模擬的逼真度」，而非我們正在模擬的事物。在遊戲中跳過一個充滿鱷魚的池塘，其所需技能或許與現實生活中需要的技能十分相似，但是，提升模擬情境的真實度，並不代表提升了遊戲教導我們的事物。

在數學領域中，研究圖形及改變其外觀但又維持相同本質的方法稱為拓樸學＊。從拓樸學的角度來思考遊戲，可能有點幫助。

早期的平台電動遊戲＊皆遵循下列基本遊戲範例：

• **「去對面」遊戲**：《青蛙過河＊》、《大金剛＊》、《袋鼠＊》。這些遊戲實際上沒什麼不一樣。其中部分有時間限制，部分沒有。

• **「每個角落都得去」遊戲**：在早期平台上，此類型遊戲最著名的可能是《糊塗礦工（Miner 2049er）＊》。《小精靈》及《Q波特（Q*Bert）＊》也是運用此類機制的遊戲。在這類型遊戲中，最花腦力的應該是《挖金礦（Lode Runner）》及《Apple Panic＊》，如果你將地圖修改至某種程度的話，想要完整走遍地圖就會變得相當複雜。

後來的遊戲開始融合上述兩種範例，並且加入了捲軸式環境。最後，設計師在玩法上加入有限制的 3D，並且在《超級瑪利歐 64》中，實現了真正的 3D＊ 遊戲。

事實上，大部分的遊戲都會選擇一個主題，
並針對該主題進行一系列的變化

跳躍

每個年代

本展覽由
國際鱷魚推進協會主辦

跳房子

跳繩

障礙跳躍

跳欄 2D 平台遊戲

3D 平台遊戲

現代的平台遊戲使用下列所有元素：

- 「去對面」仍舊是基本的遊戲範式。

- 「每個角落都得去」轉化為「尋找寶物」系統。

- 時間限制讓挑戰多了一個必須注意的面向。

在最初的《大金剛》中，玩家們已經可以撿起槌子＊當成武器。遊戲設計中最常見的漸進式創新跡象，就是設計師在現有的元素中加入新意，而非加入新的元素。所以，我們現在的遊戲內有各式各樣亂七八糟，甚至莫名其妙的武器。

目前的平台遊戲已涵蓋了所有面向。現在的遊戲開始將競賽、飛行、戰鬥，以及射擊等要素建立在「尋找寶物」、「時間限制」，以及「力量提升」等遊戲系統中。最近的遊戲甚至還包含了強大的故事性，以及「角色扮演」遊戲的要素。我們到底還有那些面向可以發展呢？

從《乒（Pong）》這個乒乓球遊戲到現代化的網球遊戲，這之間並沒有越過多大的鴻溝。網球遊戲暗示我們可以從真實生活中的網球運動學到些什麼，只不過我們不需要穿著全套白球裝在場上跑來跑去而已，但，我們就以模仿其他遊戲的遞歸模式持續製作遊戲，並且就此不再前進，這不是很奇怪嗎？與其教我們如何投擲石塊和判斷石頭飛行軌跡的技巧，如果遊戲能教我們簽署《京都議定書》＊與否，對於油價是否會產生影響，這應該會更好。

這種說法好像有點陰暗，但事實上並不是這樣。在會議桌上談判所需之技能，與我們在部落會議中所需要的技能沒什麼不同。我們有一大堆關於農業、資源管理、後勤學，以及談判協商的遊戲。如果要說有什麼問題的話，那大概就是：為什麼大多數的熱門遊戲都只教導我們一些過時的技能，而那些能夠教導我們巧妙技能的尖端遊戲，卻僅擁有少數市場。

就像是音樂的主題旋律變奏，
這些都是在變化多端的情境中，
辨識出模式的基本訓練。

市面上有很多動作遊戲的原因，或許可以追溯至人類的本能反應。還記得嗎？我們在生活中的多數時刻，幾乎都是無意識地活著。動作遊戲讓我們能夠保持這種狀態，而那些需要仔細思考的後勤遊戲，需要有邏輯且有意識的考量整體狀況。所以，我們會玩那些老遊戲的變體，這跟挑戰無關，只是因為，這比較簡單。

我們已經將細膩的靈敏度發展為本能挑戰。有個以特色為跳躍的遊戲研究發現，擁有「最佳操控性」的遊戲，都具有一個重要的特徵：當你按下跳躍按鈕時，你按住按鈕的時間有多長，遊戲人物停留在空中的時間就有多長＊。而那些「操控性不佳」的遊戲，則未遵循此一潛藏性的規則。我很確定，如果我們仔細檢查所有的跳躍遊戲，就會發現那些好的遊戲在過去幾十年來，都不科學地遵守了此一潛規則，即使，我們從未注意到這一點。

上述研究並非唯一範例：我們會調整自己的「運作方式」，以便更精確地「無意識」行動。動作遊戲中有個常見的特色，就是經由不同任務，訓練你越來越快速地行動。這完全是為了要鍛鍊你的本能反應及自主神經系統。當你學習生理技巧時，一開始會被告知要慢慢來，隨著你越來越熟悉該技巧，速度就會越來越快。這是因為在尚未精通技能時，提高速度並沒有什麼效果。一開始慢慢練習，讓你可以掌握技能訣竅，將其納入無意識的行為系統中，然後再加強技能的執行速度。

基於同樣的原因，你通常不會在戰略遊戲中看到「時間競速＊」模式。戰略遊戲中的任務與自動反應無關，所以訓練玩家以本能反應的速度來執行任務，是完全錯誤的方向。（如果戰略遊戲中真有這樣的任務，那好的戰略遊戲應該是要經由此任務教導你別太對週遭環境掉以輕心，應時時保持警覺。）

這整套方法其實就是要你死記硬背。當我還是個孩子時，我在雅達利 2600 （Atari 2600＊）平台上玩過一款叫《雷射砲（Laser Blast）＊》的遊戲。玩到最後我可以在最高難度中一次都不死就得到一百萬分。而且還閉著眼。這跟我們訓練軍隊用的方法一樣——讓他們死記硬背到成為機械性的反射動作。這種訓練模式當然會讓人難以適應，但在許多情況下很好用。

有時
我們會要你
更快速地
完成任務。

有個可以套用在更多遊戲的有趣手法，就是要求玩家徹底玩遍遊戲。這是個運用範圍更加廣大的生存技能。你必須有耐心，並且要能享受探索遊戲的樂趣。這也是針對我們喜歡直接對最終目標採取行動的傾向所設計的手法。

很多遊戲會要你找出「寶物」，或是完整地搜索整個區域。這會教我們許多有趣的事，例如從所有面向思考問題、在你做出決定之前確認自己擁有全部必要資訊，以及深思熟慮比速度更重要…等等。這種遊戲並不是認為沒必要訓練機械式反射動作，而是希望能在遊戲中教你更加深奧且有趣的技能，因為這些技能在現今世界中更有用處。

遊戲擁有以下這些特徵：

- 遊戲讓我們看見真實事物的模型——通常為高度抽象化。
- 遊戲通常為量化模型，甚至是量子化模型。
- 遊戲主要教我們可以吸收進潛意識的事物，而不是需要運用意識和邏輯思考來解決的問題。
- 遊戲教我們的事，大多數是相當原始的行為。（但其實，遊戲並不一定得這麼做）

由此看來，現代電動遊戲的發展，有很大一部分可使用拓樸學的詞語解釋。每一代的遊戲都可用遊戲空間中相對時間的形狀變化來說明。舉例來說，在電動遊戲的歷史上，大概只有五種格鬥遊戲＊。比較明顯的進展僅限於少數幾種特色，像是在飛機上移動、在 3D 空間中移動，或是「連擊＊」的累加效果和移動的順序。這些遊戲看起來各有不同，但那只是因為遊戲的內容各異，它們背後要教我們的課程其實幾乎一樣。

這並不是說那些經典格鬥遊戲無法帶來顯著的進步，當然有。可是，這些遊戲是否有效地讓我們學到不同事物呢？（譯註：原文為 add another hole to the donut，對拓樸學來說，甜甜圈與咖啡杯皆有一個洞，所以是同一事物的不同變形而已。）

你找到了
1/15的寶物

有時，我們要求你更徹底地完成任務。

以 2D 射擊遊戲或「清版射擊遊戲＊」的演變來說。《太空侵略者（Space Invaders）》在單一畫面上會出現可預測其動線的敵人。接著出現的《小蜜蜂（Galaxian）》讓你沒有防衛，這讓敵人的攻擊顯得更加厲害。

而在運用簡單的拓樸學變量後：《太空射擊戰（Gyruss）＊》和《暴風雨（Tempest）＊》只是繞著圈圈打轉的《小蜜蜂》。《太空蜜蜂（Gorf）＊》和其他類似遊戲加入了卷軸元素，並且會隨著遊戲進度變更場景，還有了最終大魔王。《脫逃戰（Zaxxon）》加入了縱向要素，不過很快地就在遊戲發展史上被淘汰了。《蜈蚣（Centipede）》給了玩家在底部操作的空間和迷人的設定，但實際上與小蜜蜂及太空侵略者沒兩樣。《爆破彗星（Asteroids）＊》則是將圓圈反向：你在中間，敵人從四面八方而來。

《大蜜蜂（Galaga）》大概是這些遊戲中最具影響力的一款，因為大蜜蜂在遊戲中加入了獎勵關卡和能力提升，這個概念從此成為了所有清版射擊遊戲的標準。《鐵板陣（Xevious）＊》與《先鋒（Vanguard）＊》加入了射擊模式轉換（朝其他方向開火及丟炸彈）。《機器人大戰（Robotron）＊》和《守護者（Defender）＊》比較特別。這兩者都包含了營救要素。現今的射擊遊戲幾乎都放棄了這個要素（雖然《救援直升機（Choplifter）》曾經為此要素帶來轉機，但仍舊無力回天）。

我不知道第一個同時包含能量提升、捲軸，以及最終大魔王的 2D 射擊遊戲是哪個，不過，我可以確定的是，自從該遊戲之後，所有 2D 射擊遊戲在拓樸學意義中，都只是「形狀」不同而已。射擊遊戲沒落，並且喪失市場佔有率，這一點都不奇怪。畢竟，我們很早之前就學會了這個機制，在這之後，所有的一切都只是學習我們早已知道僅為人造，且不可能在其他地方出現的模式。

這又帶來了一個可能的創新方法：找出新的維度，加進遊戲玩法中。拼圖遊戲在《俄羅斯方塊（Tetris）＊》後，就走上了這條演變之路：人們開始使用六邊形＊來玩，這樣就會出現三個維度，最終，色彩的模式匹配取代了空間分析。如果我們真的想要讓益智遊戲有所創新的話，為何不研究基於時間＊的益智遊戲，而是一直在做與空間有關的益智遊戲呢？

事實上，
當我們設計遊戲時，
通常會使用之前的遊戲，
僅僅改變其中一個元素而已。

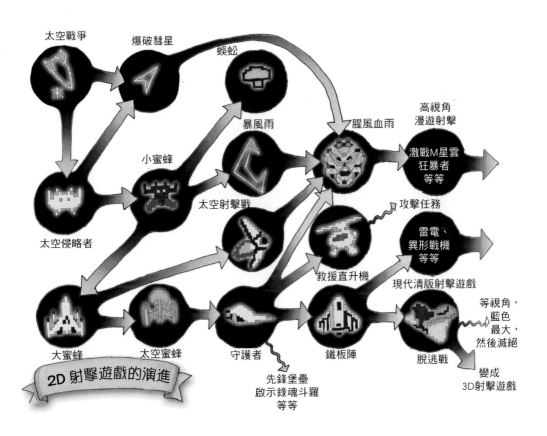

太空戰爭
爆破彗星
蜈蚣
小蜜蜂
暴風雨
腥風血雨
高視角
漫遊射擊
激戰M星雲
狂暴者
等等
太空侵略者
太空射擊戰
攻擊任務
雷電、
異形戰機
等等
救援直升機
現代清版射擊遊戲
等視角，
藍色
最大，
然後滅絕
大蜜蜂
太空蜜蜂
守護者
鐵板陣
脫逃戰
變成
3D射擊遊戲
2D 射擊遊戲的演進
先鋒堡壘
啟示錄魂斗羅
等等

79

Chapter Five
遊戲不是什麼？

到目前為止，我們探討了形式化的遊戲設計，也就是抽象模擬。我在使用「遊戲」這個字時，也非常地隨意，並沒有特別區隔「遊戲系統」與「遊戲」。不過，我們其實並不常在遊戲中看到真正抽象的模擬。人們傾向將遊戲系統美化為虛擬幻象，所以，設計師們會在遊戲系統中加入某些暗示真實世界的美術背景。就拿西洋跳棋來說好了，從抽象角度而言，這是個在菱形網格上，進行包夾與強迫行動的桌上遊戲。當我們說「立我為王（King Me）*」時，我們就為此遊戲加入了微妙的幻想氛圍；突然間，棋盤上浮現出了封建時代的色彩和中世紀的景像。而且，西洋跳棋的棋子上，通常都有皇冠浮雕。

這就像是數學課中的應用題。應用題的虛擬幻象有兩個目的：訓練你看穿虛構語言，瞭解背後真正的數學問題，同時也訓練你辨識可能隱含數學問題的真實世界情境。

總括來說，遊戲與應用題很相似。你找不到太多未經包裝的抽象遊戲*。大多數遊戲與西洋棋或西洋跳棋一樣，在某種程度上誤導你，但又給你遊戲走向的隱喻。

如果遊戲讓人覺得很好玩，而其隱喻又不會造成困擾，玩家基本上會忽略這些隱喻所指代的意義。在西洋棋中，每顆棋子都有獨一無二的名稱，但從數學角度上而言，這些名稱與棋子是否能走到另一邊根本無關。我們可以把普通的棋子叫成雞，把有皇冠的棋子叫成狼，但遊戲完全不會因此而改變。

遊戲，促使我們進一步深層理解其教導的事物本質。因為遊戲要教我們的是背後的模式，所以，它們會訓練玩家忽略圍繞在模式上的虛擬幻象。

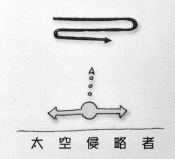

太 空 侵 略 者

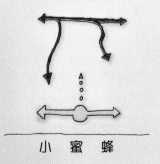

小 蜜 蜂

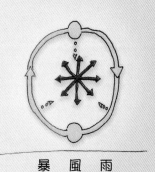

暴 風 雨

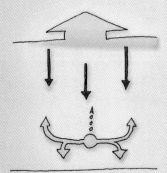

卷 軸 式 清 版 射 擊 遊 戲

玩家

武力投射

競技空間

敵人

大多數的遊戲想讓玩家
看穿其變體，
並且瞭解背後隱藏的模式。
所以，玩家們非常善於
看穿虛擬幻象。

回到 1976 年，Exidy 遊戲公司創造了電動遊戲史上的第一名：他們的遊戲《死亡飛車（Deathrace）*》因過於暴力而引起大眾關注，最終在市場上下架。死亡飛車其實是由《亡命賽車 2000*》這部電影改編的遊戲。基本上，在此遊戲中，玩家們就是靠著開車輾過路人而得分。

以機制的角度而言，死亡飛車這個遊戲和其他捕捉螢幕上移動目標物件的遊戲沒什麼不同。如果我們現在回頭看看這款遊戲，那些粗糙的像素化圖形以及小小的人型標示，其實並不會讓你對於這個遊戲感到特別震驚。畢竟，從那時到現在，已經出現了無數血肉橫飛的新遊戲，與之相比，死亡飛車看起來還略顯古樸。

我認為，那些對於媒體中的暴力適當性之爭論永遠不會消失。有許多證據顯示，媒體對我們的行為會產生一定程度的影響*。如果媒體沒有影響力，我們就不會花那麼多精力使用媒體做為教學工具。但也有證據顯示，媒體並非心智控制裝置（當然不是啊，否則我們的行為模式，應該都會和童話故事中的人一樣了吧）。

不過，玩家們對於這類型的問題總是感到十分困惑。當他們要為自己鍾愛的遊戲辯護時，居然會說出史上最自打嘴的那句話：「這只是個遊戲！」

在連續發生校園槍擊案*，以及前軍隊人士譴責第一人稱視角射擊遊戲為「謀殺模擬器*」的情境中，這些爭論都沒有帶出有價值的結論。有些學者不認為遊戲中的情境描寫會對兒童的心靈造成傷害，於是努力收集「受保護空間」和「魔術循環」相關的已知論證，但是，大多數的群眾，都覺得這些論證只不過是學術象牙塔中的東西而已。

但是，有個很好的理由，可以說明為何玩家們會受到質疑。

83

請記住，遊戲系統訓練我們看見遊戲畫面背後潛藏的數學模式。當我將死亡飛車描述成一個在二維遊戲環境中撿拾物件的遊戲，就證明了遊戲所披上的「外衣」，其實與其核心本質極不相關。當你越深入遊戲，你就會越容易忽略那些枝微末節，直搗遊戲的基礎概念，就像狂熱的音樂愛好者會視而不見拉丁音樂中不同情感的歌詞內容，而是直接判斷某首歌是滾比亞＊、馬利內勒＊，或是騷莎。

開車撞路邊行人、殺人、與恐怖分子博鬥，或是在逃跑的路上不停地吃下小豆子，都只是關卡設定，只是為了要方便地隱喻遊戲真正要教會我們的事情。死亡飛車並不是要教你真的開車去撞路人，小精靈也不是要教你去吃小豆子，並且怕鬼。

這一切說明當然無法抹消死亡飛車中，確實包含了撞死行人，把他們壓成墓碑圖示的內容。這個事實就是存在，無庸置疑，並且也該受到譴責。對遊戲來說，這不是個好設定，也不是好關卡，但是，這也不是遊戲的本質。

學習如何看出這些分野，對於我們瞭解遊戲是很重要的一件事，我在後面章節中會用較多篇幅來討論這件事。不過，目前所說的一切，足以說明遊戲中最少人理解的部分，就是形式化的抽象系統、數學系統，也就是遊戲真正的主體。攻擊遊戲的其他面向等同於錯失關鍵點，錯失核心。如果想要改善遊戲，就需要發展此一形式化的面向。

他們看到的是：「能力提升。」

哎，我本來要說的不是這件事。

目前最常見的遊戲開發方式，就是在遊戲中安插故事。但是大多數的電動遊戲開發者都只是拿個故事（而且是最平庸的那種），然後在其中隨便加入一些關卡就算完工。這樣的遊戲就像是玩家為了要翻開下一頁繼續看故事，所以才不得不先做完填字遊戲一樣。而另一種遊戲設計的潮流則是什麼說明都沒有，就直接把故事擺出來＊。這種遊戲通常都有著非常強烈的情感體驗，但本身的機制則相對地淺薄。不能說這是個缺點，這通常是某種刻意的設計選擇，但我們無法從這種遊戲系統中獲得我們迄今談論的那種「學習」。

一般來說，我們不是因為那些故事才去玩遊戲。包覆在遊戲系統上的故事，對大腦來說只是附餐。我們很少看到由真正作家＊撰寫故事腳本的遊戲，所以，這些遊戲故事最多也只是高中生水準而已。

另一方面，因為遊戲通常都與力量、控制，還有其他人類原始本能相關，所以遊戲故事也都環繞在這些事物上。這也代表遊戲故事會變成與權力或力量相關的傳奇，而我們往往認為這類型的故事很幼稚。

許多電動遊戲中的故事，其存在目的和下棋時喊「將軍」沒什麼兩樣，都只是為了在遊戲中多加一點有趣的元素，但遊戲核心並不會因此而改變。普遍來說，故事元素已經被降格到變成給玩家的正面回應，告訴玩家：「做得不錯喔。」你可能還記得，我是作家出身的人，所以這種狀況真的讓我很火大。故事應該要擁有比這更高的地位才對。

遊戲中的故事、設定,還有背景情節,
只不過是提供大腦完成挑戰時的附餐,
有時,這一切只是為了裝飾一下,
讓遊戲看起來別那麼不起眼而已。

對啦,這又是個
第一人稱視角射擊遊戲,
不過在電影授權的加持下,
我相信這會很熱門…

遊戲不是故事（雖然玩家們可從中創造出故事）*。我們可以試著來做個有趣的比較：

- 遊戲像是體驗式教學。故事教你共鳴。
- 遊戲讓你客觀地看待一切。故事則激發起你的同理心。
- 遊戲趨向於量化、減少，和分類。故事傾向於模糊、深入，並且表現出微妙的差異性。
- 遊戲存在於外部，因其與人的行動相關。故事（好的故事）存在於內部，因其與人的情感和想法有關。
- 遊戲讓玩家敘事。故事則為你敘事。

如果故事和遊戲這兩者夠好的話，就能讓你有意願重複玩或閱讀，並且持續從中得到新的事物。不過，我們可能會說自己已經精通了某個遊戲，但絕對不會說自己已經完全精通某個故事。

「故事，是人類主要的教育工具之一」，我不認為有人會反對這個觀點。但是，我們可能會認為玩遊戲不算教育工具之一，也不會認為遊戲是來自遙遠的第三方課程。同樣地，僅管遊戲出現的時間早於故事（畢竟，就連動物都會玩遊戲，但故事需要某種形式的語言），我仍相信有很多人會贊同故事所擁有的藝術成就，遠遠超過遊戲。

所以，故事一定比較優秀嗎？我們常說要做出讓玩家大哭的遊戲。最經典的例子，莫過於文字冒險遊戲《星球墜落（Planetfall）*》。在這個遊戲中，機器人佛洛依德（Floyd）會為了你而犧牲自己，但這並非你可控制的事件，也不是遊戲要你克服的挑戰之一。這只是遊戲中的場景之一，並非遊戲過程的一部分。所以說，那些讓人感動到痛哭流涕的遊戲，只是作弊，並不是遊戲系統本身所帶來的感動嗎？

遊戲比較會掌控情緒，不過，故事也能辦到這一點。想從遊戲中獲得情感上的渲染力可能是個錯誤的做法——或許，我們可以想想看：故事是否能像遊戲一樣有趣呢？

我昨晚終於過了
《尤利西斯》
最後一關。
不用「上帝模式」
真的沒辦法
打敗最終魔王。
莫莉真的超難!

對!
沒錯!

故事,就其本身而言,
是非常強大的教學工具,
但遊戲與故事不同。

（譯註：《尤利西斯》（Ulysses）是作家詹姆斯‧喬伊斯的長篇小說。）

當我們說到「開心」時，其實指的是一大堆不同感覺的集合體。吃了頓美味的晚餐很愉快、坐雲霄飛車很開心、試穿新衣服很愉快、贏了桌球賽很開心、看到你高中最討厭的同學摔進一灘爛泥中也很開心。將所有可歸類於「有趣」的事物混為一談，其實是種相當模糊的詞語用法。

不同人對「有趣」有不同的分類方式。遊戲設計師馬克・勒布朗（Marc LeBlanc）＊曾經定義過八種類型的「有趣」：感官的愉悅、假裝、戲劇、阻礙、社會結構、發現、自我探索和表達、放棄。情緒及面部表情研究先驅，保羅・艾克曼（Paul Ekman）＊確實地辨識出了數十種不同的情緒——看著其中有許多情緒僅存在於某種「語言」中，是件很有趣的事。妮可・拉薩羅（Nicole Lazzaro）＊也作了些研究，她觀察人們在玩遊戲時的表情，並且總結出玩家經由面部情緒所表達出的四種狀態：因困難而有趣、因簡單而有趣、因改變而有趣、因人際因素而有趣。

我個人的列表與拉薩羅的研究結果極為相似：

* **有趣**，是因為打從心底瞭解且掌握了問題。
* **藝術鑑賞**不一定有趣，但會帶來某種程度的愉悅。
* **本能反應**在本質上通常為生理性反應，並且與對問題的物理性掌握有關。
* 各式各樣的**社會地位訊號**，源自於我們固有的內在形象和社群中的地位。

當我們在上述事物中成功時，會覺得心情很不錯，但將這一切混為一談成為「有趣」，只不過是讓這個詞變得毫無意義而已。所以，我在這整本書中談到「有趣」時，僅僅代表上列的第一項：打從心底瞭解且掌握了問題。通常，我們掌握的問題可能是美學、物理性，或是社會性的問題，所以「有趣」會來自於這些不同的面向。因為這一切都是大腦給予我們的回饋機制，讓我們可以成功地鍛鍊生存策略。

當然，學習模式並不是唯一能娛樂我們的事物。
舉例來說，人類喜歡在遊戲中佔有領先地位。
爭奪地位，當然也是一種挑戰。

幸災樂禍

哈哈！

（名列前茅的
專業玩家）

（毫無成績可言的業餘玩家）

單純的生理挑戰其實並不有趣，當你打破個人紀錄時，那種勝利感才是快樂的來源。你可以將生理上的挑戰當成遊戲，一場屬於你的身體的遊戲。耐力跑或舉重，都能為我們帶來極大的滿足感，但從劇烈運動中所獲得的快感，與你和隊友齊心協力贏得一場足球賽所帶來的快感絕對不同。*

同樣地，自主反應並不有趣。你早就發展出這些能力了，所以大腦僅會在你擁有心理挑戰的前提下做出自主反應時，才會給你獎賞。打字並不會讓你有快感，但如果你在打字的同時斟酌用詞，或是玩打字遊戲，那大腦就會讓你覺得有趣。

各式各樣的社交互動，通常也會讓人感到愉悅。全人類都參與其中的社會地位輪替交迭，其實也是種認知訓練；從本質上來說，也是遊戲。環繞在人際互動行為上的情感，往往是積極的情感；而這些情感大多數都是「把某人從現有的位置推下去」，或是「想辦法讓自己上位」。這些情感中最明顯的包括：

- **幸災樂禍**：因為對手失敗，所以你沾沾自喜。從本質上來說，就是「把某人從現有的位置推下去」。

- **驕傲**：當你完成某個重要任務時（例如：揮拳）表現出的勝利感。這是向他人展示「我有價值」的訊號。

- **欣慰**：當某人在你的指導之下獲得成功時，就會出現這種感覺。這是為了要延續種族而擁有的回饋機制。

- **洋洋得意**：這是當你向他人吹噓自己所指導的某人時會出現的情緒。這也是向他人展示「我有價值」的訊號。

- **社交行為**：例如發出與某人親密的訊號，這通常會表現出相對的社會地位*。舉例來說，餵養他人在人類社會中，就是一個非常重要的社會訊號。

這些行為都能讓我們覺得開心愉快，但並不代表「有趣」。

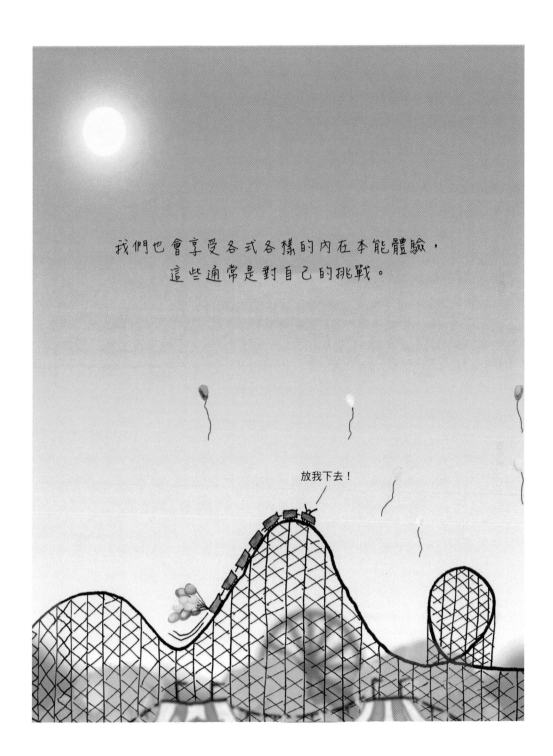

我們也會享受各式各樣的內在本能體驗，
這些通常是對自己的挑戰。

放我下去！

藝術鑑賞對我來說，應該是最有意思的「享受樂趣」形式。科幻小說作家將其稱為「驚奇感（sensawunda）*」。藝術令人敬畏、充滿神秘，並且和諧地與世界共存。我把這種感受稱之為喜悅。藝術欣賞和「有趣」一樣，皆關乎於模式。不同之處在於藝術讓你鑑別模式，而非學習模式。

當我們鑑別出模式，並且為之驚奇時，就會感受到喜悅。這就像我們在《浩劫餘生（Planet of the Apes, 1968）》電影結尾時，看到自由女神像的心情；這就像我們在推理小說的結尾，看到所有散落的線索被拼成一個完整畫面的快感；這就像是看著蒙娜麗莎，看著她的微笑盤旋在我們的腦海、在所有我們已知的表情中，並且思索出最能與「她正在想些什麼？」相配的那一秒；這就像看著壯闊美好的景色，並且感受到世界如此美麗的瞬間。

為什麼美麗的景色會讓我們有那樣的感受呢？因為那不僅符合，且遠超過了我們的預期。當事物非常接近我們心目中所認為的理想化形象，但又有一點點小瑕疵時，我們就會覺得該事物很美麗。構思完美的計謀與一兩個鬆散的線索；農舍的油畫與稍微剝落的顏料；回到主旋律的樂曲與結束在刪掉一個全音的未完成小七和弦。這些都讓我們想要追求新模式。

美，來自於我們的期望與現實之間的張力。這只會出現在極端有序的狀態中。自然界充滿了極端有序的事物。花床超出邊界即體現了生長的秩序，就算我們將其精心修剪為人行道，這些花草仍舊會依循自然規律，越過那些人為邊界。

不幸的是，愉悅並不持久。它停留的時間，大概就像擦身而過的路人，拋給你的微笑一樣短——轉瞬即逝。但也就只能這樣，因為認知僅在一瞬間。

如果你與先前讓你擁有愉悅的物件保持距離，一段時間之後再重新接近，你就能再次擁有愉悅感。因為你會再次認知該物件。但我不會將其稱之為「有趣」。這是不同的事物，我們的大腦只在我們學習狀態良好時才會給予此種獎勵。這就是故事的尾聲，故事本身就是學習的樂趣。

結論是，人們經常從那些不算是挑戰的事物中獲取愉悅感。

有趣，正如我所定義的一樣，是當我們以學習為目的而吸收了某些模式後，大腦給予我們的回饋。試著想像一下：某個籃球隊說「我們今晚要玩得盡興。」而另一支籃球隊說「今晚我們只為勝利而來。」後者對待比賽的心態，顯然不是練習而已。有趣主要與練習和學習相關，而非與佔有優勢相關。事實上，在行動開始之前，我們往往就已開始感受到「有趣」了；預測某個解決方案會比實際實行該方案更有趣＊。佔有優勢會給我們其他不同的感受，因為我們是為了某種理由才會想要佔有優勢，像是提高自己的地位，或是生存。

我們在此學到的是「有趣」與情境相關。我們之所以要參與某個活動，其理由相當重要。伯納德・蘇茲（Bernard Suits）稱其為「用遊戲的態度來接近事物＊」，這句話當中某部分的意思，就是將活動置於沒有結果的「魔術循環」之中。學校通常都不有趣，因為我們以嚴肅的角度看待學校——學校生活不是練習，而是真實人生，你的成績、你的社交地位，還有你的服裝決定了你是否能夠留在人群中，還是你得坐在最靠近廚房的餐桌上孤單地吃中餐。

當我們輸掉比賽時，最常說的就是：「好啦，我只是玩玩而已。」這句話隱含的意思是不在意比賽失敗所造成的社會地位隱形下滑。因為我們只是把這件事當成練習，或是根本沒有使出全力。

在社會地位階梯上努力攀爬時，我們會得到正面的回饋。假設我們是群居的猴子，對著彼此亂丟大便，只是為了要佔據最高的樹頭。但是，請注意這其中的微妙之處：幫助他人的同時，自己也往上爬（欣慰和洋洋得意）。在攀爬的同時，也擴展了自己的知識領域（有趣）。攀爬的同時，強化社交網路、建立社群和家庭，一起努力提升所有人的階級（打理自己、配對，以及餵養他人）。

雖然只是猴子，但這樣的社會形成方式已經很不錯了。就生物界普遍的狀態而言，這根本是驚人的社會運作。想想看，鯊魚只能從進食中得到回饋耶。我想，這是個很好的例子，可以用來說明「有趣」是關鍵的進化優勢，其重要性與相鄰成對的大拇指（譯註：與其他四指相對，可抓取物體的手，高度智慧的靈長類及人類才有的特徵）幾乎一樣。如果我們的大腦中，沒有那些讓我們喜歡學習新事物的化學反應，我們可能會變成這個世界中的鯊魚，或是螞蟻。

但是愉悅感往往會迅速消退。
真正的樂趣是來自於挑戰自我極限。

所以，「有趣」到底是種什麼樣的感覺？有很多玩家的說法是「如入無人之境」。如果你想要學術性的說明，可以參考米哈里·奇克森特米海伊（Mihaly Csikszentmihalyi）的「心流＊」理論。當你正在全神貫注地體驗某個任務時，就會進入這種狀態。而當你能夠百分百掌控一切時，無論迎面而來的是何種挑戰，都能迎刃而解。

心流並非經常發生，但出現這個狀態時，你會覺得非常美妙。問題是，要迎刃而解各種挑戰，是件非常困難的事。一方面，大腦正在快速運作，隨時都可能會做出概念性的突破，在此情況下，很容易會覺得其他挑戰微不足道。另一方面，自動系統不太可能有辦法妥善評估玩家的切換技能。

當我們成功地掌握了那些眼前的模式，大腦就會給我們一點點快樂的刺激。但是，如果新模式的心流緩慢，那我們就無法獲得刺激，並且會開始感到無聊。如果新模式的心流超出了我們可解的能力範圍，我們也不會得到刺激，因為根本沒有進步。

缺少心流並不代表不有趣，只是你無法獲得持續且穩定的腦內啡，而是偶爾會獲得大腦賞賜而已。事實上，也可能有心流出現卻一點都不有趣的狀況；舉例來說，冥想，就可以誘發出與心流相似的腦波。但是，有趣往往是在心流猛然地升至極點時才會出現。

如果要說更有意思的參考資料，大概就是「近側發展區間＊」的教育概念了。這個概念認為每個學習者都有可獨立處理的事物、無法處理的事物，以及僅需少許協助即可處理的事物。「有趣」往往來自於「僅需少許協助即可處理的事物」，而遊戲系統可提供少許協助。

所以說，「有趣」並不是心流。你可以在各式各樣的活動中感受到心流，但這些活動並非都很有趣。大多數的情況下，我們會覺得心流與佔有優勢有關，而非與學習有關。

達到完美平衡時，人們就會如入無人之境。

當然，有趣並不是玩有系統的遊戲之唯一理由：

- **練習：** 在遊戲中練習各種技巧，是很常見的事。研究顯示，如果想精通某個領域，就必須「刻意練習」一段時間才能達成，人們在刻意練習時，得一次又一次地重複針對挑戰任務來磨練自己*。這是非常艱困的作業。從某種意義上來說，遊戲是讓此作業較為簡單的「刻意練習機器」。

- **冥想：** 雖然科學研究對冥想知之甚少，但在世界各地不同的冥想方法中仍具有某些共同元素：使用某種方式讓自己專注，像是唸誦真言或呼吸法，以及做重複的動作。有許多遊戲在這類型的元素上也運作得相當不錯。

- **說故事：** 有些遊戲包含了故事，當然，玩家可以自行建構這些故事背後的其他意涵。這些故事可能會激發某些玩家極大的興趣，甚至遠超過對包含此故事之遊戲系統的興趣。我們當然可以從生硬的技術角度去討論此類遊戲究竟是不是「類遊戲」，但，何必呢？

- **撫慰：** 在某個我們完全理解的空間中「玩」，可以讓我們練習如何佔有優勢，卻又帶著極低的風險，同時，也可以在充滿挑戰的人生中，擁有一個小小的喘息空間。遊戲能成為這類型的避風港，就像那些我們熟知且熱愛的書籍或電影，在我們一遍又一遍地觀賞時，為心靈帶來的感受一樣。

為了這些目的運用遊戲或遊戲系統沒什麼不對！但遊戲可以提供更多其他事物。所以，上述這些特質無法說明遊戲的獨特性。

讓我們回顧一下前幾頁：遊戲不是故事。遊戲與美麗或愉悅無關。遊戲與爭奪社會地位無關。遊戲就是遊戲，遊戲擁有某些不可思議的價值。「有趣」與在特定狀態下的學習有關，這種狀態的最終結果不會給你任何實質壓力，所以，這就是遊戲有其價值的原因。

Chapter Six
不同人的不同樂趣

我們都知道，人類的學習方法與速度各有不同。有些相異之處在非常早期時就已展露無遺＊。有些人在思考時，會將事物視覺化；有些人需要使用語言論述才能瞭解問題。有些人習慣邏輯思考；有些人則仰賴直覺的靈光＊。我們都知道 IQ 以鐘型曲線分佈＊，我們也知道 IQ 測驗並不能測量出所有類型的智能。哈沃德·加德納（Howard Gardner）＊說過，智能有七種形式：

1. 語文智能

5. 音樂智能

2. 邏輯數學智能

6. 人際智能

3. 肢體動覺智能

7. 內省智能（自我控制、自我激勵）

4. 空間智能

（譯註：加德納在 1999 年補充了第八種智能——自然觀察）

對於後列幾種智能，其實並沒有真正標準化的測試方法（當然這張表也絕對不是百分百正確無誤的權威！）。事實上，這張表顯示出了不同的人因其天賦不同，所以會對不同的遊戲感興趣。人們不太可能喜歡解決那些對於他們而言是「噪音」的模式和謎題；他們會傾向選擇自己覺得有機會可以解決的問題。所以，擁有肢體動覺智能的人會比較喜歡體育活動，而擁有語文智能的人喜歡安安靜靜地玩填字遊戲或拼字遊戲。

當然，並非所有人都相同。

有些人擁有音樂天賦，
其他人可以輕鬆地在腦中整理方程式，
還有些人擁有超凡的魅力。

這些年，有許多集中於性別差異性＊的研究。重點是，我們應該瞭解在所有研究案例中，探討的是存在於一般性的平均狀態。如此才能在不譴責性別歧視主義的情境下，討論此主題。任一性別中存在的個體差異，遠大於兩性之間的差異，但兩性之間的確存在某種差異＊。舉個例子來說：以平均值而言，女性比較無法針對特定類型發揮空間感知能力——像是視覺化已旋轉至另一個方向的不規則立體物件橫切面＊。可是，相對來說，男性的語言能力比較差。醫生們早就知道男孩子需要花上更多時間，才能口齒伶俐辯才無礙＊。實際上，隨著時間流逝，有許多這類型的差異也會消失無蹤，這說明了此類差異來自於文化，而非生物本體＊。

這同時也充分說明了電動遊戲有助於消弭這些差異，畢竟，人類這個綜合體包含了先天和後天的影響。研究顯示，如果某人的空間旋轉測試結果不佳，再讓此人玩可在 3D 空間中練習旋轉物件及配對特定形狀的電動遊戲，不僅能讓他們掌握必要的空間感知能力，還可以永久保有練習成果＊。

英國研究者席蒙・貝倫科漢（Simon Baron-Cohen）＊認為，人類世界中存在「系統化大腦」及「同理化大腦」。他指出，自閉症及亞斯伯格症患者，擁有極端系統化大腦＊。根據貝倫科漢的說法，在系統化大腦及同理化大腦的分佈曲線上，可以很明顯地看出性別的影響。男性比較可能擁有系統化大腦，而女性比較可能擁有同理化大腦。

根據貝倫科漢的理論，有些人會同時擁有較好的系統化思考及同理化思考能力。我們可以推斷，這些人比較容易朝向藝術方面發展，因為，藝術領域非常需要系統性，同時也得具備高度同理心。貝倫科漢假設兩者皆強會不利於生存，因為這代表那些人無論在哪一方面，都比不上單一方面的「專家」。這大概可以說明為何詩人總是會患上肺病，而且，最終都會死在閣樓上。

但是，就像我們跟孩子說的一樣：
如果你夠努力，你就能克服缺陷。
天分不能取代努力。

另一個探究此議題的方向，是從學習方式＊而非從智能著眼。性別再次於此展現出差異性。男性不只會用不同的方式觀察空間，並且還會嘗試從做中學；女性則是傾向以模仿他人行為的方式來學習。近期的研究指出，男性與女性甚至可能看到不同的事物＊，這些無法改變的狀態，導致男女的學習方式不同。

觀察學習方式及人格的經典方法，是柯塞人格氣質量表（Keirsey Temperament Sorter）＊及邁爾斯 - 布里格斯性格分類（Myers-Briggs PersonalityType）＊。這些方法以 INTP、 ENFJ 等四字代碼來表示其量測結果。當然，我們也有星座、九型人格＊等較為常見的性格分類方式，這些方式幾乎都欠缺科學理論。不過，還有另一個在全球廣泛調查個體而得出的性格模型：五因素模型（Five Factor Model）＊。此模型發現了五大人格特質：經驗開放性、盡責性、外向性、親和性，以及情緒不穩定性。

有趣的是，玩家們比較喜歡在某種程度上，與自身人格特質相符的特定類型遊戲。目前，遊戲設計師傑森・凡登伯格（Jason VandenBerghe）已著手尋找五因素模型與玩家喜歡的遊戲種類之間的關聯性硬數據＊。

這或許顯而易見：不同的人會有不同的體驗，而這些不同的體驗會讓他們在解決特定問題類型時，展現出不同的能力水準。即使是不會隨時間改變的事物，而是非常基礎的事物（如雌激素和睪丸激素等荷爾蒙，在我們的生命週期中會有大幅度的濃度變動），也會對我們的人格特質產生影響＊。

這一切對於遊戲設計師來說，究竟有何意義？這不僅代表特定遊戲無法吸引所有人，也代表再怎麼努力，也不可能做出所有人都喜歡的遊戲。如果有人聲稱自己做出了這樣的遊戲，可想而知，這個遊戲的難度斜坡對許多人來說一定有問題，同時，遊戲的基本前提不是簡單地引不起興趣，就會是難到沒什麼人搞得懂。

因為不同的大腦
有不同的優勢和弱點，
所以不同的人
會喜歡不同的遊戲。

這也許同時說明了遊戲系統的基礎限制。因為遊戲是形式化的抽象系統，自然會偏重於某種類型的大腦，就像書籍也有所偏重一樣（美國大部分的書籍購買者都是女性，其中有半數年齡超過 45 歲＊。）

近年來，電動遊戲產業一直處在對女性玩家欠缺吸引力的困境中。有很多可能原因造成此狀況：電動遊戲中充滿性別歧視、缺乏可以接觸女性玩家的銷售管道、遊戲主題太幼稚、遊戲產業中少有女性創作者，以及遊戲過分集中於暴力行為。

但，答案可能比上述幾點更簡單。遊戲對年輕男性較有吸引力的原因，可能是因為他們的大腦類型在遊戲系統中可以發揮所長，並且，遊戲也被設計為偏向該類型大腦。若真是如此，你可以預期以下各點：

• 女性玩家比較喜歡較為簡單的抽象系統、較少的空間推理，以及較著重於人際關係、敘事和同理心的遊戲。她們也會喜歡較簡單的空間拓樸遊戲。

• 不同性別的硬派專業玩家，其遊戲風格也會有明顯的性別差異。男性會著重在強調權力投射及控制領域的遊戲，而女性會選擇可以模仿行為（例如多人遊戲），以及沒有嚴格層級要求的遊戲。

• 隨著年齡增長，男性的遊戲風格會漸漸地轉變為相似於女性的風格。有許多男性可能會徹底捨棄玩遊戲，但是，年長的女性不會停止玩遊戲。若要說有何區別，那就是女性在更年期後，可能會對遊戲更有興趣。

• 總括來說，女性玩家會比男性玩家少，因為，遊戲的根本，始終是形式化的抽象系統。

你也可以預期，當文化在所有事情上更加平等時，上述的一切會有所轉變，因為遊戲本身就是教導我們「換個角度想」的老師。

人們通常會選擇
玩他們拿手的遊戲，
因為這能反映出
他們的力量。

碰巧的是，我們確實在遊戲玩家的人口統計數據中，看到了這些現象（當然還有其他現象）。絕大部分的遊戲玩家是 14 歲的男孩，因為這就是遊戲選擇的對象。在過去十年間，業界出產了更多種類的遊戲，現在，女性玩家的人數已經多於男性玩家了。

隨著遊戲在社會上越來越普遍，我們會看到有更多年輕女孩，運用遊戲驚人的大腦開發功能來自我訓練，並且更能享受那些通常是男孩熱愛的遊戲。有研究顯示，那些會玩「男孩」遊戲（如運動）的女孩子，在數年後通常會打破傳統的性別角色界線，而那些堅持玩「女孩」遊戲的女生，往往會在數年後更加堅守傳統的刻板觀念＊。

此理論強烈地顯示出：如果人們想要發揮最大的潛能，他們必須努力地去玩自己不喜歡的遊戲，也就是那些對他們的天賦本質而言，毫無吸引力的遊戲。玩這些遊戲可作為整體能力平衡中的後天養成部分，制衡受到先天或文化限制的大腦。這樣的人可以在不同的世界觀中悠遊，並且能練就更多不同技能來解決特定問題。

如果我們反過來用相同的方法訓練男孩，在單人遊戲中可能較難達成此結果，因為遊戲系統無法擁有真正的社交人際媒介力量。僅管如此，遊戲應該試試——將設計重心放在社交互動上，就像《強權外交（Diplomacy）》或線上虛擬世界一樣＊。當我們覺得遊戲受其數學基礎本質所限而無法大展身手時，何不回頭想想，音樂向來都是極富情感的媒介，而語言也能精彩地傳達數學觀點。所以，遊戲仍舊富含希望。

不過，人們應該要改玩
針對他們的弱項而設計的遊戲。

Chapter Seven
學習的問題

學習可能會啟發問題。一方面，學習可說是辛苦的「工作」。我們的大腦可能會下意識地引導我們學習，但是，如果父母、老師，甚或是我們的邏輯性大腦強迫學習，那通常會讓我們產生極大的反彈。

當我還是個小孩時，數學老師老愛叫我們寫解題過程。大多數學生的代數能力都很好，只要看看題目就能算出答案，但是，答案好像不怎麼重要，老師還是要我們把解題過程完整寫出來：

x2 + 5 = 30

我們不可以只寫 x = 5。我們必須寫：

$\therefore$ x^2= 30 – 5　　　　　　　　　$\therefore$ x =$\sqrt{25}$

$\therefore$ x^2=25　　　　　　　　　　　$\therefore$ x=5

說真的，身為學生的我們都覺得這種寫法真的是蠢斃了。如果我看看問題就能知道 x = 5，那我為什麼不能就這樣寫？為什麼一定要搞這些麻煩的步驟？不就只是讓我解題速度慢下來而已嗎？！

當然，我可以為這該死的愚蠢行為找出個好理由：因為 -5 乘 -5 也等於 25，如此一來，就有兩個答案了。如果我們直接跳到最後，那可能就會忘記另一個答案存在的可能性。

不過，這並不能阻止人類喜歡走捷徑的天性。

因為遊戲是教學工具，
想在遊戲中佔有優勢的玩家，
會一直嘗試最佳化自己在遊戲中所做的一切。

d00d y4 G0t
4NY Ch34t
C0d3S 4 Ch355? *

先生，有沒有不素正統或素非法的下棋玩法啊？
（用數字及符號的書寫方式）（譯註：類似於台灣的注音）

一旦玩家看到遊戲中的模式，以及遊戲的終極目標後，他們就會開始嘗試找出達成目標的最佳途徑。所有遊戲的經典麻煩之一，就是玩家會毫無顧忌地破壞構成遊戲，並且讓遊戲在受保護空間中執行的虛擬「魔術循環」。

換句話說，很多玩家會作弊。

這是人的天性，並不是人類正在變壞的訊號（雖然我們可能會說這叫「沒有運動精神」）。事實上，這是橫向思考的訊號。橫向思考是非常重要，並且值得學習的心智技能。當某些人在遊戲中作弊時，他們可能正在扮演不道德的角色，但，他們同時也在練習某個能讓他們更容易生存的技能——狡詐。

「作弊」是各式戰爭中長期存在的傳統。第一個有記錄的「合乎體統之戰的規則」，居然可以追溯到西元六世紀＊！而當雙方確認遵守協定後，違反該協定就會成為極有力的戰略。「把沙子丟到敵人的眼睛裡！」「晚上進攻！」「不要到樹林外作戰，就埋伏在這裡吧！」「讓他們不得不走進泥地中，我們就能用箭解決他們！」最重要的戰略格言之一就是：「如果你無法選擇戰爭，至少你要選擇戰場。」

當玩家在遊戲中作弊時，他選擇的戰場在某種程度上，會比遊戲本身更加寬廣。

作弊，其實是玩家徹底掌握遊戲的訊號。從嚴格的生存觀點來看，作弊是一種求勝的策略。當對手還在調整節奏時，先開第一槍的人，會比較有延續後代的機會（當然，決鬥背後隱含的意義，其實就是社會地位的爭奪戰。在子賽局中作弊，可能會造成超賽局中的重大失誤！）

如果玩家很聰明，
可以看穿最佳途徑——

就像亞歷山大
斬開哥迪亞斯結一樣的話——

玩家就會這麼做，而不會
「依照遊戲目的」進行。

為什麼我們會本能且小心謹慎地維護運動精神，以及公平競爭的概念呢？因為，如果我們會在現實世界中，運用某個特定遊戲教導的技能，可想而知的是，作弊在現實世界中可能會毫無用途。作弊無法讓我們做出正確的準備。這也就是在足球比賽中，偷踢對手會被當成卑鄙的行為一樣。（另一個原因則是因為沒人想被踢）。無論足球比賽背後的機制想教我們什麼，踢對手都在其型式框架之外。這些規則是為了實施社會契約而存在＊。

玩家與設計師，通常認為「作弊」和「利用漏洞」不同。他們非常努力地想區別這兩者，但歸根究柢來說，這兩者間的不同，其實只是在於該外部行為是否能被包含在遊戲架構中的「魔術循環」內而已。不出所料，作弊者往往是遊戲的專業玩家。他們會看出未嚴謹規範之處。這也就是為什麼他們通常在嚴守規則的玩家對他們說：「遊戲不可以這樣玩。」時，會覺得不公平的原因。因為他們的邏輯是：「如果遊戲允許這麼作，那這就是合法行為。」

但，遊戲通常想讓玩家們進行特定挑戰，如果不良設計讓玩家可以規避應該參與的挑戰，我們就會討厭這種行為，因為他規避了自己應作的事，並且無法確實證明自己已精通了解決問題的技巧。通常，遊戲會嘗試教我們某些技巧；而非僅僅給我們某個目標，並且讓玩家隨意使用自己喜歡的方式來解決問題。

完善的遊戲設計，可以讓我們在一定程度上解決此問題（甚至更好，我們可以做個不規定解決方法的遊戲——這將會是個限制性極高的遊戲，並且會嚴重地破壞所有與遊戲相關的事物）。但，最終，我們只是在與人類天性戰鬥：要把事情做得更好的天性。而，這是一場永無勝利希望的戰爭。

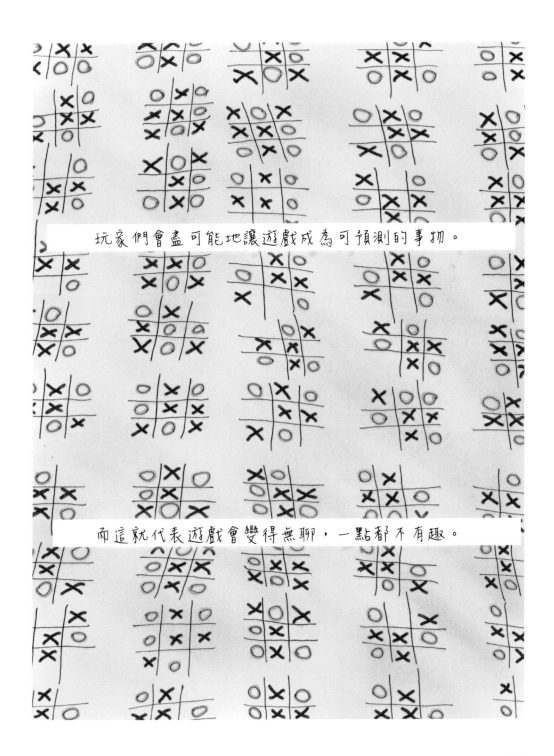

玩家們會盡可能地讓遊戲成為可預測的事物。

而這就代表遊戲會變得無聊，一點都不有趣。

遊戲會刻意地建立我們在現實世界中早已遇過的各種情境：用刺刀格鬥的遊戲、用帆船航行的遊戲，或是以手工業為經濟基礎的遊戲。雖然我們仍可從中學習到某些課程，但我們的技術早已與之不同了，我們現在擁有巡弋飛彈、航空母艦，還有各式工廠。

但是，遊戲好像被綁住了，無法進步。大多數的遊戲不允許創新和發明 *。它們展現出某種模式，而在模式之外的創新，被定義為處於魔術循環之外。你無法改變遊戲的物理特質。

人類是喜歡進步的生物。我們喜歡讓生活變得更加簡單；我們其實很懶惰。我們喜歡找到更有效率的方法；我們喜歡找出不用一直重複做同一件事的方法。我們討厭單調枯燥的事物，但事實上，我們又渴望擁有可預期性。我們的生活建立在可預期性之上。無法預測的事物，像是開車隨機射擊、被閃電擊中、天花、食物中毒⋯等等，這些無法預測的事物會殺了我們！我們傾向避開這種事物。取而代之的是，我們選擇舒適的鞋子、高溫殺菌牛乳、疫苗、避雷針，以及法律。這些事物並不全然完善，但能大大地降低那些無法預測之事物，發生在我們身上的機會。

因為我們討厭單調枯燥的事物，所以我們會允許出現無法預測的事物，但是！我們允許的範圍，僅限於可預測的範圍之內，就像是遊戲，或是綜藝節目一樣。無法預測，代表有必須學習的新模式，所以無法預測是件有趣的事。這也就是我們會在某種程度上，喜歡「無法預測性」的原因：因為「有趣、好玩」（同時，我們也可學習）。但對我們來說，期待在一般狀況下擁有此類無法預測性的風險賭注太高了。這就是遊戲的主要用途——將無法預測性與學習經驗打包起來，讓我們在沒有風險的空間與時間中執行。

遊戲玩家的本能，就是要讓遊戲更加地可預測，因為，他想贏。

在現實世界中，我們把這稱為
「安全性」、「穩定的工作」、
「舒適的鞋子」，以及「例行公事」。

當然，你也可以說這是「單調的循環」。

這導致了如「食腐動物」般的行為。在理智邏輯思考中，玩家會想迎戰較弱的對手，以策略而言，勝券在握絕對會比將所有希望壓在贏家通吃的賭局上更好。玩家連續玩兩百次簡單等級的關卡，以儲存足夠的生命力，讓自己在少量風險的情境下迎戰遊戲剩下的挑戰，這與儲存食物好過冬一模一樣：只不過是做件聰明的事而已。

這就是遊戲存在的意義。遊戲教我們如何讓風險最小化，也讓我們瞭解該如何作出選擇。換句話說，遊戲註定會在我們玩的過程中變得無聊，而不是越來越有趣 *。我們這些想讓遊戲變得有趣的人，其實只是在與人類大腦打一場不可能贏的戰爭，因為有趣僅在於過程，而例行公事則是其終點。

所以，玩家通常會有意識地在遊戲中尋找可得的樂趣，因為他們想要在遊戲任務完成時學到新事物（也就是說，找點樂子）。玩家們會這麼作，是因為他們覺得此為最好的成功策略（沒錯）；也是因為玩家們看到其他人也這麼做。如果某個人看到他人成功，卻不想與其競爭，那才真是違反了人類的天性。

歸根究柢，這一切都是來自於人類的「目標驅動」思維。我們會喊出很好聽的口號，像是「享受你的旅程，結果並不重要」，但這只是一廂情願的說法。彩虹很美麗，我們也喜歡眺望彩虹，但如果你在欣賞彩虹的同時，迷失在幻想中，其他人可能早已拿走了彩虹盡頭的那罐金幣了。（譯註：西方傳說，每條彩虹的盡頭都住著小妖精，會告訴你到哪兒找到一罐金幣。）.

獎勵是成功的遊戲活動關鍵要素之一；如果沒有可量化的優勢，那大腦就會覺得不值得去做某件事。那麼，遊戲要素中的其他基本元素（也就是遊戲原子）又是什麼呢？遊戲設計師班・考森（Ben Cousins），稱其為 "Ludeme"，遊戲中的基本單元 *。我們曾經聊過幾個 Ludeme，像是「每個角落都得去」以及「去對面」。我們希望還有很多可探索的 Ludeme，因為，遊戲最終幾乎都是以相同的基本粒子所組成。

遊戲創作者只是在與人類大腦
打一場不可能贏的戰爭，
也就是與最佳化、生產線、簡化，
以及最大化投資報酬率（ROI）對抗。

成功的遊戲通常擁有以下元素 * ：

- **準備：** 在玩家接受挑戰前，會先做出某些影響其成功機率的選擇。這可能是在戰鬥前先療傷、妨礙對手，或是提前練習。她可能會設定一個戰略佈局，像是在撲克牌遊戲中，先準備好特定的牌組。在遊戲中的預先行動，會自然地成為準備階段的一部分，因為所有遊戲都是以有次序的多個挑戰所組成。

- **空間感：** 空間可能是指戰爭遊戲中的戰場地貌、可能是棋類遊戲中的棋盤，也可能是橋牌中的玩家關係網路。

- **堅實的核心機制：** 這是指待解決的難題，也就是設定一個本質有趣，又可以隨意填充內容的規則。「在棋賽中移動棋子」，就是個好範例。核心機制通常是比較小的規則；而遊戲的複雜性則來自於很多不同的機制，或是精心挑選後的少數機制。大多數的機制來自於一套小型的難題類型：預估曲線、最佳化、比對、平衡，或是分類。

- **一系列的挑戰：** 這是指基本內容。這不會改變規則，而是在規則內運作，並且會帶出各種略為不同的參數。你在遊戲中遇到的每個敵人，都是挑戰之一。

- **各式各樣解決問題的必備能力：** 如果你只有斧頭，你就只能做一件事，那遊戲就會變得很無聊。這就是井字遊戲無法合格，但西洋跳棋可以合格的測試；在西洋跳棋中，你會學到強迫另一個玩家，走出對其不利之一步的重要性。大多數遊戲會隨著時間開放越來越多能力，直到你成為有許多策略可選擇的高級角色為止。

- **需要技能才能使用的能力：** 錯誤的選擇，會讓你在面對敵人時失敗。有問題的技能種類真是五花八門：對戰時進行資源管理、時機不佳、身體不夠敏捷，或是無法監控變動中的各種變數。

事實上，大多數玩家都是結果導向。
如果某個活動無法給予他們可量化的獎勵，
他們就會覺得這個活動根本不重要。

欸，拯救地球
沒有額外獎勵。
所以我就讓火星人
毀掉地球了。

…太蠢了吧，
難道他們完全不知道
這個遊戲有第二章嗎？

擁有上述所有要素的遊戲，就等於按下了讓遊戲變得有趣的正確認知按鈕。如果遊戲不需玩家進行任何準備，那就是個憑靠運氣的遊戲；如果遊戲中沒有空間感，那就會是個膚淺的遊戲；如果沒有核心機制，那就等於根本沒有遊戲系統；如果沒有一系列的挑戰，我們很快就會玩透整個遊戲；如果我們不需要作出多個選擇，那遊戲就太簡單了。最後，如果遊戲不需要技能，那到底還有什麼好玩的呢？

遊戲還應該擁有某些功能，才能讓遊戲體驗成為學習體驗：

- **可變式回饋系統**：對戰的結果不該是可完全預測的結果。在理想情況中，技能越熟練，完成挑戰時就該得到更好的獎勵。在棋賽之類的遊戲中，可變式回饋就是對手針對你每一步棋所給出的回應。

- **必須處理主宰權 * 問題**：高等玩家不應從簡單的敵人身上獲得大量好處，否則，他們就會出現「食腐」行為。這會讓低等玩家無法有效地在遊戲獲得該有的體驗。

- **失敗要付出成本**：至少要付出機會成本 *，當然，還得付出其他代價也行。下次你要嘗試挑戰時，就得從頭開始，不可以只挑戰最後關頭。如此一來，你就會在下一次的嘗試中，做點不一樣的準備工作。

稍微觀察一下這些構成 Ludeme 的基本粒子，很容易就能看出為何歷史上大多數的遊戲都是競賽型的肉搏戰活動。因為，這是持續提供一系列新挑戰和新內容的最簡單方法。

過去，大部分
　歷史悠久的遊戲
　　都具有競爭性，
　　　因為這類型遊戲
　　　　可無止盡地提供
　　　　　相似卻又略為不同的難題。

在歷史上，不管是哪種競爭性遊戲，往往會淘汰最需要學會該遊戲內含供技能的人，這僅是因為這種人無法在競爭中獲得勝利，甚至會在第一回合就輸掉。這就是主宰性問題的本質。有許多人因此而傾向玩不需要技能的遊戲。這些人完全無法正確地訓練自己的大腦。**不需要玩家擁有技能的遊戲，則遊戲設計等同於犯了七宗罪。**同時，遊戲設計師必須小心，不要讓遊戲要求玩家擁有過多技能。設計師應該要記住，玩家們的本性就是要減少任務難度，而最有效的方式呢，就是不玩了。

以下這份清單，並非能算出「有趣」來自何方的公式，但卻是檢查遊戲是否缺少「有趣」的有效工具，因為設計師們可以由此辨認出不符合這些準則的系統。這份清單對於批判遊戲也可能相當有用。看看遊戲系統是否符合清單要素吧：

• 在挑戰前，你需要準備嗎？

• 如果你用不同的方式準備，是否仍舊可以成功？

• 挑戰發生的環境，是否會影響挑戰？

• 是否有堅實的規則定義你所面對的挑戰？

• 核心機制能否支援各種不同類型的挑戰？

• 玩家能不能使用多種能力面對挑戰？

• 在高難度關卡中，玩家是否需要擁有多種能力才能贏得挑戰？

• 玩家是否必須擁有某些技能，才能運用能力？（若否，這是否為遊戲中的基本『動作』？就像是在西洋跳棋中移動棋子一樣？）

• 挑戰成功後，是否有多種不同的成功狀態？（換句話說，成功不應該只有一個固定的結果。）

當然，如果你無法「棋逢對手」，
那遊戲就會變得太難，或是太簡單。

- 高等玩家在進行簡單挑戰後，是不是拿不到好處？

- 就算只是在最後關頭失敗了，你也得從頭再來一次？

如果這份清單中，有任何一題的答案為「否」，那這個遊戲系統大概就需要重新檢討了。

遊戲設計師經常陷入「紅皇后競賽＊」的困境中，因為挑戰代表要玩家克服障礙。所以，現代的遊戲設計師將越來越多不同種類的挑戰放進同一個遊戲中。導致 Ludeme 的數量變成如天文數字一般的可觀。想想看，西洋跳棋只有兩個 Ludeme 而已：「吃掉所有棋子」以及「一次只能移動一個棋子」。現在，拿西洋跳棋與近年來的主機遊戲來比比看，你覺得哪個可以再玩上一百年？

大多數的經典遊戲都是由數個可「優雅」地結合在一起的相關系統組成。抽象策略遊戲的整體風格，就是要「優雅」地選擇 Ludeme。但在現今的世界中，許多我們想教的課程，可能需要高度複雜的環境，以及更多可變組件──我想，最明顯的例子，就是線上虛擬世界了。

設計師要學的就比較簡單了：遊戲註定會變得無聊、機械化、易於作弊，以及受人利用。你唯一的責任，就是瞭解這個遊戲要教玩家的究竟是什麼，並且確保遊戲真的能教玩家這些事物。而這唯一的責任，也就是遊戲的主題、遊戲的核心、遊戲的心臟；這可能需要許多系統，也可能只需要少量系統。但，**任何對教導此事物沒有貢獻的系統，都不該存在於遊戲中**。這是所有系統的共同方針；這是故事的精神；這是重點。

最後，既是學習的榮耀之處，也是學習的根本問題：一旦你學會了，一切就結束了。你不必再學一遍。

事實上，不顧一切地
將一大堆難題放進一個特定遊戲中，
只是造成了大雜燴式的設計。

這是一個大規模的
多人策略即時射擊遊戲，
包含了 RPG 人物發展
要素、解謎遊戲對抗賽、
競賽小遊戲，
並且要在
跳舞墊上才能玩！

…拜託，我希望
這個工作
從這世界上消失…
你希望自己的女兒
在產業活動中
像我一樣尷尬嗎？

Chapter Eight
人的問題

遊戲系統設計中的「聖杯」（譯註：意即至高無上卻又難以達成的終極目標），就是做出一款遊戲：這個遊戲的挑戰永無止盡、技能需求包羅萬象，難度曲線至臻完善且能自我調整以精準符合玩家的技能程度。說真的，早就有人推出這個遊戲了，可是這遊戲一點都不好玩⋯「人生」，或許你已經在玩這個遊戲了。

設計師通常會覺得，若能設計出一款能夠自行生成高難度挑戰的良好抽象系統，就是非常值得驕傲的事，這種系統並不少見：象棋、圍棋＊，還有黑白棋。既要設定規則，又要寫出所有內容真的很難！但這並沒有阻止我們嘗試各種方法，好讓遊戲能夠自我更新。

• 「**突發行為**」是個常見的行話。其目標是在規則之外，自發性地湧現出新模式，讓玩家能夠做出設計師並未預料到的行為。（玩家們總是在做設計師未預期的事，但我們不太喜歡討論這個。）突發性證明我們可以打破遊戲設計的堅硬外殼；這通常藉由產生及利用漏洞來讓遊戲更簡單。

• **我們也聽過很多關於說故事的方法**。說一個有多種詮釋可能性的故事，會比打造擁有多種詮釋可能性的遊戲簡單。不過，大多數與故事混在一起的遊戲，最後都會變成弗蘭肯斯坦的怪物（譯註：Frankenstein monsters，即科學怪人）。玩家不是跳過故事，就是跳過遊戲。平衡這兩者，使其相得益彰真的很難，而且，最常見的情況，就是故事或遊戲其中一者結束的太膚淺，讓人不想再玩一次。

遊戲設計師經常討論突發遊戲方式、非線性說故事，
以及玩家創造內容的設計論 ——
這一切都是增加可能性空間，
以及製作能自我更新的謎題方法。

（在此處插入卡通）

- **讓玩家們肉搏戰**也是個常見的策略，在戰場中，其他玩家就是遊戲新內容的無止盡來源。這很正確，但主宰權問題在這種遊戲中一覽無遺。玩家討厭失敗。如果你無法精準地將玩家配對至與其技能程度相符的對手戰場，他們就會不玩了。

- **讓玩家產生內容**是個很有用的策略。許多遊戲期待玩家以各種各樣的方式提供挑戰：從「為射擊遊戲繪製地圖」，到「在角色扮演遊戲中提供新的人物」皆有可能。

但，這是否徒勞無功？我是說，所有設計師都在努力嘗試拓展可能性空間⋯但所有玩家都在努力嘗試盡可能快速地減少可能性空間。你知道，人類總是會以某種有趣的方式綁住自己。如果某件事物以前對我們有效，我們往往會再做一次。我們真的很抗拒放棄以前學過的東西，我們打從心底就是保守動物，而且年紀越大，我們就越保守。你可能聽過一句克列孟梭、邱吉爾，以及俾斯麥都說過的老話：「如果一個人在 20 歲時不開明，那他就沒有心。如果在他 40 歲時不保守，那他就沒有腦。」只能說，這句話包含了很多事實。當我們年紀漸長，會變得越來越抗拒改變，並且越來越不想（也無法）學習＊。

如果我們碰到了以前遇過的問題，就算眼前的情況並不完全相同，但第一步一定會試試看以前有用的解決辦法。

人的問題，不在於他們破壞遊戲，讓遊戲變得無聊。這本來就是整件事的自然過程。人的真正問題，在於：

> ⋯就算我們的大腦餵我們毒品，想讓我們持續學習⋯
> ⋯就算我們在很小很小的時候，就經由玩遊戲開始學習⋯
> ⋯就算我們的大腦清清楚楚地告訴我們：應該要活到老學到老⋯
> **我們就是懶。**

不管如何，我們在某種層面上，就是捨不得放棄已知的解決方案。

鐵鎚

釘子

釘子

釘子

釘子

哈洛！

哈洛

釘子

釘子

…這可能
會對你的
延期要求
造成不良影響

IRS

美國國稅局

有趣的是人們喜歡將事情
歸結為特定的問題，
並且嘗試用已知的方法來解決。

看看那些在遊戲設定中，提供了最大絕對可能性自由度的遊戲。在角色扮演遊戲中，其實只有少數幾個規則。這種遊戲的重點，在於共同合作以講述故事。你可以隨心所欲地依自己喜歡的方式建構角色、可以使用任何背景，並且只接受你想要的挑戰。

但是呢，人們總是會選擇相同類型的角色來玩，一次又一次＊。我有個朋友，自從我們認識以來，這十幾年期間，他已經玩過了好幾打的遊戲，但每次，他都只選擇人高馬大的沉默型角色。從來沒當過活潑的小女孩。

不同的遊戲會吸引不同的人格類型，這並不只是因為特定問題會吸引特定大腦類型，也是因為特定解決方法會吸引特定大腦類型。此外，如果我們曾經因某些行為而獲得良好結果，我們就會傾向於不要改變做法。在不斷變動的世界中，這並不是能持續成功的良方。適應性才是生存的關鍵。

在線上遊戲的設定中，有很多跨性別角色扮演＊。當你以上述觀點來看，就會清楚知道這是因為指定性別呈現方式，是某種可供選擇的解決方法——也就是玩家解決線上遊戲設定導出之問題的工具。這也可能是因為性別呈現方式，是尋找同類玩家的好方法。例如，當男性選擇女性角色時，可能代表他們偏好與同理化大腦作伴。當然啦，這也可能單純是想要利用「線上遊戲中的男性玩家會送禮物來討好女性玩家」的統計事實，嗯。

無論如何，死抱著單一解決方法已經不再是有效的生存策略了。這個世界改變得太快，我們必須與更多不同類型的人互動。現今，擁有豐富的體驗，以及瞭解各式各樣不同的觀點，才能真的擁有價值。自我封閉對社會而言非常危險，因為這會導致誤解，誤解又會導致誤會，從而引起反感，最終導致暴力。

試著揣想看看這個假設性情境：如果某個線上角色扮演遊戲中的每個玩家，都能擁有兩個角色——一男，一女。那麼，這個世界上的性別歧視者會更多？還是更少？

舉例來說，線上角色扮演遊戲中的玩家們，
會在一個又一個不同的遊戲內，扮演相同類型的角色。

線上RPG羅夏克墨漬測驗

人類大腦中的線路很可能會背叛我們，另一個範例，就是假裝自己完全精通的誘人感。

在你可掌握的空間中，進行你已完全精通的活動，感受心流，是種令人興奮的體驗。沒人能夠否認冥想帶來的正面體驗。也就是說，當玩家選擇要重複玩一個已經完全精通的遊戲時，只是因為喜歡感受自己擁有強大的力量，這時，此款遊戲已背離了其原先存在的目的。遊戲存在的意義，是鼓勵我們向前邁進，而非為了滿足我們對於權力的幻想。

哎，可是這真的很誘惑人啊！因為遊戲本身就在「來扮演吧」的範疇之內，遊戲也缺少邏輯因果。遊戲本就是自由不羈的放蕩者，它們讓你變成了神，給你虛假的正面回饋好讓你繼續玩下去。對於在現實生活中，可能無法擁有足夠掌控感的人而言，遊戲可以給他…深具說服力的某些事物。

遊戲並非為了讓你在幻想世界中感覺良好而生，遊戲存在的意義，是要提供挑戰，讓你可以改變自己，並且將你在遊戲中學會的技能，套用至真實世界內的問題。如果只是為了打發時間，就一再重玩那些早已贏得勝利的挑戰，並不能有效訓練大腦的能力。但是，很多人都還是這麼做。

有些人選擇為了「受他人讚譽」而玩遊戲，這至少代表他們為自己創造新的挑戰。但當你超越了完美的極限之後，幫自己個忙，**別玩了**。

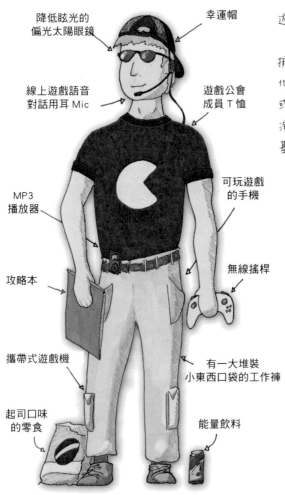

降低眩光的
偏光太陽眼鏡

幸運帽

遊戲動力人（Homo Powerludens）

擁有各式各樣不同的棲息地。
他們通常會在沙發、椅子，
或是電動玩具店內築巢。據信，
演化自彈珠台巫師屬（h. pinballwizardicus）。
基本上無害，容易餵養。

線上遊戲語音
對話用耳 Mic

遊戲公會
成員 T 恤

MP3
播放器

可玩遊戲
的手機

攻略本

無線搖桿

攜帶式遊戲機

有一大堆裝
小東西口袋的工作褲

起司口味
的零食

能量飲料

如果玩家發現自己與某個遊戲很合得來，
他們就會一直玩下去，
好讓自己精通整個遊戲。
因為，掌握一切的感覺，真的很好。

遊戲還有其他類型的受眾問題，其中之一已被證實對許多種類的遊戲來說都是致命問題：不斷增加的複雜性。大多數的藝術形式都在太陽神和酒神風格間，像鐘擺一樣地盪來盪去＊——也就是說，保守且形式化的風格，以及豐富且開放交流的自然風格，會週期性地交互出現。從羅馬乃斯克式教堂到歌德式教堂、從藝術搖滾到龐克、從法式學院派到印象派，許許多多的藝術媒介皆經歷過此類型的風格交替。

但是，遊戲永遠都是形式化的產品。遊戲的歷史趨勢早已顯示，開發了某個新類型遊戲後，隨之而來的，就是不斷在該類遊戲中增加複雜性，直到最後，市面上的遊戲已經太過複雜，乃至於新玩家根本無法進入——進入門檻太高了＊。你可以說這是「專門術語因素」，因為所有的形式化系統都是如此＊。「遊戲中的特權階級」發展出這些專門術語，然後變成公用辭彙，最終，只有少數受過「遊戲教育」的人才能理解。

在大多數藝術媒介中，突破這個困境的方法，就是開發出另一個新的形式化原則（就像文化轉變一樣）。有時會開發出新的知識形式，而有時會開發出可以篡奪舊媒介地位的競爭性新媒介，如同攝影技術強迫畫家對自己的藝術形式徹底地重新評估一樣。遊戲雖然尚未發展至此等境界，但是我們可以看到遊戲以銳不可擋的姿態，向著更巨大的複雜性持續邁進。只有那些瞭解此種語言的特權階級，能夠掌握所有的複雜性，並且能夠持續地與時並進。

感謝上帝，因為我們偶爾也會看到能夠吸引大眾的遊戲問世。老實說，特權階級對於遊戲存在的意義，只會造成傷害。對遊戲（或是對我們）而言，最糟糕的命運，莫過於遊戲成為某種寡占式活動，僅有少數受過訓練的菁英可以玩。這對運動來說很糟糕、對音樂來說很糟糕、對寫作來說很糟糕，當然，對遊戲來說也很糟糕。

反過來說，也可能會出現某些遊戲，像是來自著名科幻小說的《Twonky》＊一樣，讓人無法理解。大概只有孩子能瞭解這種遊戲，年紀較長的人或許就沒辦法了。若市面上只剩下這類型的遊戲，那我們就落伍了…

有些玩家玩過許多遊戲，
這讓他們只要看看新遊戲，
就能快速理解整個模式。

最終，他們就像蝴蝶一樣，
不停地在各個遊戲間
飛來飛去，絕不久留。

哼！這不就是跟
在 Neo Geo 上玩的
《無名槍手 27 號》
一樣嗎！

上述一切，皆為人類本性與作為媒介和教育工具之遊戲相互對抗，從而使遊戲無法成功的範例。諷刺的是，這些問題居然明顯地出在最不可能做出這些事情的人身上：遊戲設計師。

與一般玩家比起來，遊戲設計師在個別遊戲上花的時間比較少，完整破關的遊戲也比較少。他們沒有太多時間玩某款遊戲，因為設計師們通常得試玩很多遊戲。糟糕的是，如果不是因為業務壓力的話，他們也喜歡使用已知的解決方法。

基本上，遊戲設計師會被一種我稱為「設計師症候群」的狀況折磨。他們對於遊戲中的模式相當敏感，可以很快地領悟模式，並且向前推進。對遊戲設計師來說，他們可以很輕鬆地瞭解遊戲中的故事。因為設計師們已經在腦海中，建立起所有過去和現在的遊戲百科全書，並且，理論性地運用這些腦中的收藏來製作新遊戲。

但是，他們通常「做不出」新遊戲，因為他們太有經驗、腦中擁有太多假設了，這反而阻礙了他們。還記得大腦對於已建立的組塊會做出什麼事嗎？大腦會嘗試為這些組塊建立起通用的解決方案收藏庫。也就是說，你收藏的解決方案越多，你就越不會尋求新的解決方案。

所以，結果就和你想的一樣，出現了一大堆衍生作品。沒錯，你必須瞭解規則，才能突破規則，但因「遊戲是什麼」的法典及評判盡付闕如，遊戲設計師們即轉而以公會化的學徒模式工作。他們只做已知有用且關鍵的事物，遊戲產品的出資人與出版公司也一樣。

如今，最有創造力和最多產的遊戲設計師們，往往是不依賴其他遊戲啟發靈感的人*。創造力來自於不同想法間的激盪，而非相同想法的重複性。如果遊戲設計師把玩遊戲當成自己的業餘興趣之一，那也不過就是在自我封閉的小房間中，對著自己的工作沾沾自喜而已。所以，關鍵在於我們應該把遊戲當成人類活動的一部分，讓遊戲設計師們能在自己的領域外安心探索，尋找創新思維。

設計師徵候群

你剛說
遊戲怎麼了？

都玩過了？

所以你全
賣了？

呃…是啊？

我還沒全破！

我不知道
你有存檔！

遊戲設計師們
通常只會花15分鐘左右
玩一個新遊戲。

為了享受樂趣而玩遊戲，
會比為了分析而玩更困難。

你真的
在高難度模式中
破關了
27個遊戲喔？
哇，我還真遜耶。

這又不是
我的問題，
你這個白癡新手。

Chapter Nine
遊戲的脈絡

遊戲設計已然成為了一門學問。在過去 10 年間，關於遊戲設計的書籍越來越多、開始出現關鍵詞彙，並且也有學校設立了相關課程。這個領域已不再是漫無目標地盲目行動，而是向著理解遊戲運作方法之路邁進。

在隨後數頁中，我會秀出幾個與人類活動相關的表格。但在繼續之前，我想先說：（以下這句話可能會哲學性地惹惱你，請多包涵。）『這個世界中的人可分為兩種，一種是把所有人分為兩種的人，另一種是不會把所有人分為兩種的人。』

任何一種活動都可以由你自己，或是你與其他人一起進行。如果你和其他人一起進行活動，你可以「合作」或是「對抗」。我將此三種方式稱之為：合作、競爭，以及獨力。

在表格中，我做了更細微的區分。你是此活動的被動消費者（在活動允許的範圍內）嗎？你是此活動的受眾之一嗎？如果你並非從事此活動的人，而是接受他人在此活動中的結果，我會認為你是對活動體驗有興趣的人，也就是說，你想獲得的是最終經驗。

你真的創造經驗了嗎？那麼你就參與了建構性活動。或者，你只是拆解經驗，以便瞭解如何運作。我通常會說這是「破壞」，但這個詞並不精確；雖然整體性會有點損傷，但其原始本質仍會留下。所以「解構」大概會是個比較好的詞。

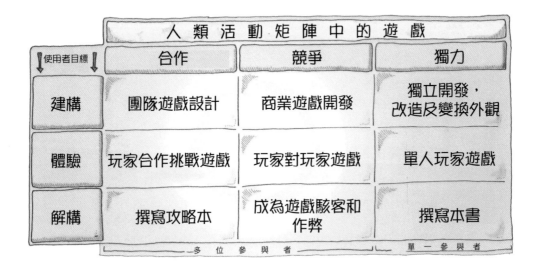

人 類 活 動 矩 陣 中 的 遊 戲		
合作	競爭	獨力
團隊遊戲設計	商業遊戲開發	獨立開發，改造及變換外觀
玩家合作挑戰遊戲	玩家對玩家遊戲	單人玩家遊戲
撰寫攻略本	成為遊戲駭客和作弊	撰寫本書

使用者目標：建構、體驗、解構

多 位 參 與 者 ／ 單 一 參 與 者

當然，分析遊戲也是玩遊戲，
以及找出遊戲模式的方法之一。

我的第二個表格會秀出人類如何分析音樂。當我看著這張表時，我看到的是一系列以音樂為主的娛樂活動。如果要我做一張書籍的類似圖表，那其中包含的就會是以文學為主的娛樂活動。基本上，這張表可以套用至任何一種媒介。

「遊戲」是個很模糊的詞。在本書中，我有好幾次提到「遊戲系統」與「遊戲」不同，也說過遊戲系統是（在某種意義上）讓某些事物成為遊戲的核心要素。但是，「遊戲系統」並非媒體。根據定義來說，遊戲系統是媒體的手段之一。媒體實在是個很難用的詞彙，就像「教導模式用的形式化抽象模型」一樣。我現在都用「好玩的人造物」來稱呼它們，以便與模糊不清的「遊戲」區分＊。雖然這些「好玩的人造物」──像是消防演習或 CIA 針對中東的模擬未來戰爭遊戲──不一定有趣，但仍舊屬於表格的一部分。事實上，這些好玩的人造物，其實行結果往往很無趣，有趣的是實行過程。

所有媒體都會產生互動，至少，我們參與其運作就是一種互動。我們與基於舞台的媒體間，積極與建構性的互動稱之為「演出」；我們與基於文學的媒體間之互動，稱為「寫作」。在專業電動遊戲設計圈中，有許多關於「放棄著作權」的討論，這些討論認為，這樣可以增添遊戲和 MOD 社群的靈活性。我認為這些討論的關鍵，在於玩家非以純粹的體驗方式「與媒體互動」。

（譯註：MOD 為遊戲模組，也就是讓玩家修改遊戲。修改後的遊戲通常需依賴原作才能玩，但也有最終獨立發行的例子。）

換句話說，修改遊戲只是以另一種方式玩遊戲，這有點像是新手寫作者運用其他作家筆下的人物情節，衍生出其他故事，或是變成同人小說一樣。某些互動的形式就是建構（修改遊戲）、體驗（玩遊戲），或是解構（成為遊戲駭客），這其實並不重要；因為同樣的活動也可發生在戲劇、書籍，或是音樂上。像是文學分析與駭入遊戲很相似──同樣都是拆解媒體中的某個作品，以便瞭解其如何運作，甚至直接將其用以創作其他事物、傳達訊息，或是將其表現為與原作者本意不相干的事物。

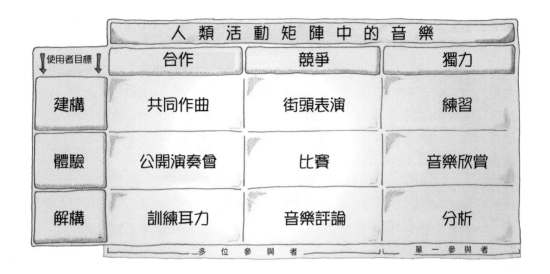

人 類 活 動 矩 陣 中 的 音 樂		
合作	**競爭**	**獨力**
共同作曲	街頭表演	練習
公開演奏會	比賽	音樂欣賞
訓練耳力	音樂評論	分析

使用者目標：建構、體驗、解構

多 位 參 與 者　　　　單 一 參 與 者

事實上，無論是針對其他媒體，
或是任何人類活動領域而言，
都可以用這張表格來說明一切，真的。

在第一張表格中，雖然幾乎都是你在學習模式時會發生的活動，但有些活動並不是我們會定義為「有趣」的事。我們可以坐下來爭辯演奏音樂、撰寫故事，或是繪畫是否有趣，但因我對這三者均有涉獵，所以我可以肯定地說：做這些事都很辛苦，而且也不一定會被認為有趣。但，我可從這些活動中，獲得相當大的滿足。這也許可以和觀看《哈姆雷特》舞台劇、閱讀《吉姆爺》*，或是欣賞名畫《格爾尼卡》*媲美——與豐富且具有挑戰性的系統互動，能讓我將其視為一個學習的機會。

在你背後竄過的電流不一定是因為你發現了能讓你身心舒暢的事，災難或巨大悲傷襲來的瞬間也會有這種感覺。當你辨識出模式時，你的身體也會給你這種感覺做為訊號。寫作並不一定有趣，但對作者來說可能是非常值得去做的事；練習好幾個小時的鋼琴並不有趣，但會有某種感受讓你覺得滿足，同樣地，與遊戲互動也不需要很有趣，但這可能會讓你覺得滿足、讓你深思，以及挑戰自我，當然，也會讓你覺得困難、痛苦，甚至覺得自己有強迫症。

換句話說，遊戲可能會以我們不認識的型態出現。遊戲並不僅限於「遊戲」或「軟體玩具」*。「遊戲」的定義中隱含了某些事物，正如「玩具」、「運動」，以及「嗜好」這些詞一樣。外行的「遊戲」定義中，僅僅包含了表格內的某些部分。事實上，表格中的每一個格子，對某個人來說都可能會是「有趣」的事。我們必須開始更加廣義地思考遊戲，否則，我們就會錯失遊戲做為媒介的潛力。

之所以遊戲評論與遊戲相關的學術研究很重要，是因為這能為遊戲加入遺失的要素，讓遊戲終究能與其他人類活動並肩而行。這代表遊戲最終仍被定義為某種媒體。一想到它們其實出現在這麼久遠之前，就會覺得，遊戲參與這場派對的時間也太晚了點。

一旦我們將遊戲視為媒體時，我們就可以開始想想：遊戲是否能成為藝術化的媒介？畢竟，其他所有媒體都可以。

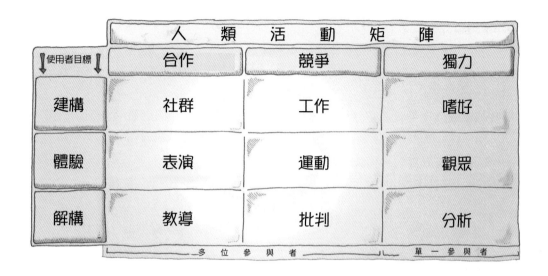

這說明了評論遊戲不僅僅是有效的活動，
而且也是值得讚揚的活動。

重點是，我們必須瞭解如何才能做得好。

*…呃，反正就是人類活動矩陣啦…

147

固定藝術型態是件很棘手的事。不過，我們可以從基礎開始。藝術是為了什麼而存在？溝通。這是固有的定義。此外（如果你已接受了本書的前提），我們已經發現遊戲的基本目的也是溝通——遊戲建立了一組邏輯符號用以傳達意義。

某些遊戲的護衛者喜歡宣揚遊戲具有互動性一事，用來彰顯遊戲有多麼地與眾不同。另一些人則喜歡說就是因為遊戲有互動性，所以無法成為藝術，因為藝術仰賴於作者的意圖和控制。這兩種說法都是胡說八道。所有媒體都有互動性 *——回頭去看看表格吧。

所以，藝術是什麼？我的想法很簡單。媒體提供資訊；娛樂提供令人舒適的簡單訊息；藝術則提供具有挑戰性的訊息，提供你必須思考過後才能吸收的訊息。藝術使用了特定媒介，並且在該媒介的限制中與你溝通，而且溝通的內容，通常就是與該媒介本身相關的思考（換句話說，也就是藝術的形式主義方法——有許多現代藝術皆可歸於此類）。

媒介無疑地型塑了訊息的本質，但訊息本身可以是象徵性的、印象性的、敘事性的、感性的、理性的⋯等等。有些藝術作品僅為個人創作，有些則是共同作業而來（我相信，所有的藝術作品在某種程度上都可以是共同作業形式）。有些媒體實際上是經由許多不同媒體領域中的專家們共同合作，一起呈現出的結果，如果沒有運用多種媒體，那這樣的成果絕對不會完整。電影就是這種媒體，遊戲也是。

在「電動遊戲不是藝術形式」這個議題中，我最常聽到的說法是：遊戲只是有趣好玩，遊戲只是娛樂而已。我希望自己在前半本書中已清楚地說明了：低估「有趣」這件事有多麼危險。事實上，大多數音樂也只是娛樂、大多數小說也只是娛樂、大多數電影也只是逃避現實，甚至全世界最美麗的畫，不過也只是幅畫而已。大多數遊戲只是有趣好玩而已，這個事實並不代表「遊戲」註定只能如此。

我們經常討論「讓遊戲成為藝術」的這個願望——
希望遊戲成為不只有一個標準答案的難題，
希望遊戲成為由其自身來詮釋的難題。

當作品中的溝通元素展現其出色新穎的一面時，單純的娛樂就會變成藝術。就是這麼簡單。這樣的作品擁有一種力量，可以改變人們感知週遭世界的方式。很難想像會有其他媒體比電動遊戲更具此種力量，因為電動遊戲，就是一個對你的選擇會產生回應的虛擬世界。

基本上「出色」和「新穎」，代表的就是技藝。你或許體驗過技藝優良，但卻無法達到藝術水準的娛樂。藝術的深層通常是幽微的表現，你可以一次又一次地浸淫其中，也還是能從中學習到新事物。以此類推，遊戲應該是能讓你一次又一次地玩，也仍舊能從中發現新事物的作品。

因為遊戲是封閉的形式化系統，這似乎代表了遊戲永遠無法成為藝術。但我不這麼想。我認為這代表了我們只需決定讓遊戲說什麼——可能是某種宏觀的概念、複雜的概念、開放詮釋的概念、並非只有單一正確答案的概念——然後，確認當玩家與遊戲互動時，能夠一次又一次地重玩，並且每次都能在已出現過的挑戰中找到新的內涵。

某項事物不再是工藝，
而轉變成為藝術的最佳定義，大概就是…

*繪者 伊蓮娜 7 歲

這樣的遊戲會有什麼樣貌呢？

它應該是發人深省的。

它應該是深具啟示的。

它應該能讓社會更美好。

它應該能強迫我們重新審視假設。

它會在每次我們嘗試時提供不同的體驗。

它會讓我們每個人都能用屬於自己的方式面對它。

它會原諒我們的錯誤詮釋——事實上，它可能會鼓勵我們「錯誤詮釋」。

它不會下指令。

它讓我們沉浸其中，並且改變世界觀。

…在其本身成為詮釋的主體時。

有些人會說抽象的形式化系統無法達成此目標。但我看過風在空中的足跡，吹動樹梢新綠；我看過蒙德里安那幅只有彩色方塊的畫＊；我聽過巴哈的大鍵琴協奏曲；我探索過十四行詩的格律；我也曾踩踏過一組美好的舞步。

所有媒體都是抽象的形式化系統。它們擁有各自的語法、方法，以及技藝系統。無論是語言的規則、音樂中的導音規則＊，或視覺構成方法的規則，只要是媒體，就會遵循一定的規則。它們通常在這些規則內行事，同時又展現出令人驚訝的新面向。

所有的藝術家在創作時都會選擇某種限制：一張像郵票一樣大小的紙或是一塊巨大的帆布；用韻或是自由體；鋼琴或是吉他。事實上，選擇限制是最能收到成效的創造力催生法。

遊戲，同樣地也擁有這些特性。「創作單一按鍵的遊戲」。「開發只使用一組牌卡和籌碼的遊戲」。「設計關於『精確覆蓋＊』的遊戲」。

千萬別把抽象和形式化看扁了。

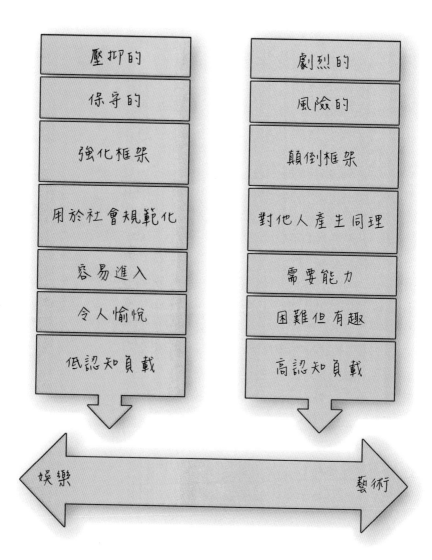

事實上，最難的謎團，往往是那些最需要自我驗證的謎團。這些謎團在各種層面上深入地挑戰我們——精神耐力、思維敏捷性、創造力、毅力、身體耐力，以及自我克制情感。看看其他媒體就知道，這一切皆精準地來自於先前表格中的「互動」部分。

以創造活動做為範例。

這是人類活動中最難達到完美的活動之一，但這也是我們最本能的活動之一；從小，我們就不僅僅是追著模式跑，也會嘗試創造新的模式。我們用蠟筆塗塗寫寫，我們啦啦啦地用自己的方式唱歌。

事實上，玩遊戲（我是指玩那些好的遊戲）本身就是創造性活動，也充分證明了遊戲是很好的媒體。在最佳狀態下，遊戲不會帶有命令性。遊戲只是希望使用者運用手中現有的工具創造回應，這比對某幅畫做出回應來得簡單多了。

沒有其他的藝術性媒體被定義為「要對使用者產生單一效果」——像是「有趣」。所有的媒體都充滿著大量的情感衝擊。現在我們或許對「有趣」這個詞的定義有所疑問，但即使如此，我仍舊偏好以較為形式主義＊的角度進行探索，並藉以瞭解構成媒體的基本構造組塊之內涵。從形式主義者的觀點來說，音樂是有秩序地排列聲音與寂靜；詩詞則是詞彙與字詞間的空白組合…等等。

我們越瞭解遊戲的基本構造組塊——也就是玩家和創作者用來與媒體互動的事物——我們就越能讓遊戲達到藝術的高度。

生命中有太多像這樣的謎團了。試試寫本書。

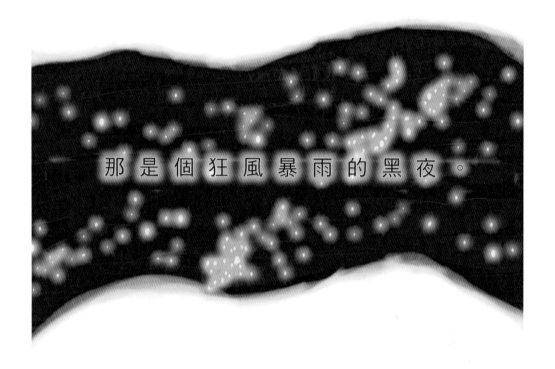

那是個狂風暴雨的黑夜。

有些人非常不同意我對此的觀點＊。他們認為遊戲的藝術在於系統的形式建構。系統建構方式越有藝術性，則遊戲就越接近藝術。

如果要將遊戲與其他媒體並列，我們就必須思考這個觀點。在文學上，我們將此觀點稱為「美麗文字（belles-lettristic）＊」。在擁有這個觀點的人眼中，詩詞之美僅僅來自於念誦時的聲音，而非其意義。

但事實上，就算是聲音的形態，也有其脈絡。我們先稍微離題一下，看看其他媒體…

印象派＊畫作會從較疏離的角度描繪畫家所見，或摹寫之對象，而非全然寫實。現代影像處理工具將印象派畫家使用的形式方法（當然還有許多後期處理程序，如色調分離＊）稱為濾鏡。印象派畫作描寫的不是某個對象或場景，而是在該對象或場景上的光影變化。印象派畫作仍然遵循了先前所建立的構成規則——顏色、比重、平衡、消失點、重心、視線中心…等等——但同時又在實質上避免描繪該對象或場景，從而使其在最終作品上消失無蹤。

印象派音樂主要基於重複；並且影響了從菲利普・葛拉斯（Philip Glass）到電子音樂的極簡主義風格。印象派音樂從本質上來說是德布西＊的音樂：管弦樂的編曲（特別是在變化和聲部）變化極大、極其複雜，旋律重複性很高。拉威爾的管弦樂作品或許可視為印象派風格的縮影：他的《波麗路》由不斷重複演奏同一段音樂所組成，和聲與旋律皆相同，只有強弱不同。利用此類型的重複，就能形成全曲漸強的感覺。

Id Est
R. Koster

或是寫首曲子。

當然，我們也有印象派的著作。維吉尼亞・吳爾芙（Virginia Woolf）★、葛楚・史坦（Gertrude Stein）★，以及許多其他的作家在寫作時，都運用了「角色不可知」的手法。《雅各的房間》（Jakob' s Room）和《愛麗絲・B・托克勒斯的自傳》（The Autobiography of Alice B. Toklas）都使用了已確立的自我概念，並將他人在本質上不可知的想法做為其寫作中的表達目標。不過，他們也提出了可知性的替代概念：「負空間」。在此空間中，可藉由觀察某事物周圍的動盪理解其形式，並且捕捉其本質。這個詞來自於繪畫藝術，在討論真實表徵的問題時，可以提供許多有用的見解。

印象派皆環繞著相同的原則建立其作品：負空間、修飾某中心主題周圍的空間，以及觀察動盪和反映。當時的確擁有「時代精神★」，這些方法雖為「一時盛行」，但，同時也存在著從一種藝術形式借用概念至另一種藝術形式的狀態。在許多領域中都有此狀態，因為沒有任何一種藝術形式可以獨立存在；所有的藝術形式皆血脈相連。

你是否能創造一款印象派的遊戲呢？這款遊戲的形式化系統中包含：

- 你試圖理解的對象不可見，或無法描述。

- 負空間較形狀更為重要。

- 要理解的中心思想，是「有變化的重複性」。

答案是：可以。這款遊戲叫做《踩地雷★》。

或是理解自己最愛的人。

…哼…

（你有注意到
這一切都與
溝通有關嗎？）

最終，遊戲所致力追求的事物，其實與其他藝術形式致力追求的事物非常相似。主要的不同之處，並非在於遊戲包含了形式化的系統。看看以下清單吧：

- 格律、押韻、揚揚格、斜韻、聲喻、句逗、抑揚格、揚抑格、五音步、十四行迴旋詩、十四行詩、韻文

- 音素、句子、重音、摩擦音、單字、從句、賓語、主語、標點符號、大小寫、過去完成式、時態

- 節拍、延音、基調、音符、節奏、花腔、管弦樂、編曲、音程、模式

- 顏色、線條、比重、平均、複合、加乘、加色、折射、閉合、模特兒、靜物、透視

- 規則、關卡、對手、魔王、生命、力量提生、拾取、獎勵回合、圖示、單位、計數器、面板

就別自欺欺人了——十四行詩與遊戲一樣，受到許多形式化系統的限制。

對遊戲而言，最大的諷刺大概就是與其他媒體在同一處境時，遊戲提供給設計師的空間較小，這會讓設計師發揮及宣傳的自由度變低。遊戲系統不擅於傳達細節，比較擅於一般論。要做出讓你瞭解一小群人可以勝過一大群人，或是反之的遊戲都很簡單，而且，這可能會成為有價值且深入的個人論述。但是，如果要讓某個遊戲，在不使用文本作為工具的情況下，展現出如電影《搶救雷恩大兵》，在二次大戰中深入敵陣只為搶救一個士兵的特定掙扎，會是非常困難的一件事。想讓遊戲系統設計成為表達媒介的設計師們，必須讓自己像是畫家、音樂家，或是作家一樣。瞭解手中媒介的力量為何，並且瞭解這個媒介最利於傳達什麼樣的訊息。

或是設計遊戲。

Chapter Ten
娛樂的道德

實際上，沒有人會真的在絕對抽象的層面上與遊戲互動。你不會去玩我在本書中所繪製的抽象圖表遊戲，你只會去玩那些有小太空船及雷射砲還有會「碰！」一聲爆炸的遊戲。玩遊戲的核心精神，就是我稱之為「有趣」的情緒，這種情緒與瞭解難題，以及掌握回應以解決難題相關。不過，這並不代表我們與「有趣」混為一談的其他事物對整體體驗沒有幫助。

人們喜歡用精心擦亮的珠子在木板上玩遊戲，也會買《魔戒》棋組或是玻璃製的中國象棋組。玩遊戲時的美感體驗很重要。當你拿起一顆做工精美的木棋時，你的美感鑑賞之心會油然而生──這是另一種形式的享受。當你和對手打桌球時，將手臂延伸至極限再猛力扣球的一剎那，會清楚地覺察到自己的感官；當你拍拍隊友的背，恭喜他得分時，你就參與了一場微妙的社交活動，這個活動代表了人類對社會地位的努力不懈。

其他媒體也會給我們類似的感受：歌曲的演唱者很重要，因為情感是歌曲的靈魂；就算兩個版本的內容完全相同，我們仍舊會珍惜精裝本，卻不太重視一般版；在真正的岩石上攀岩，與你在練習場中爬石頭假牆，感覺完全是兩碼事。

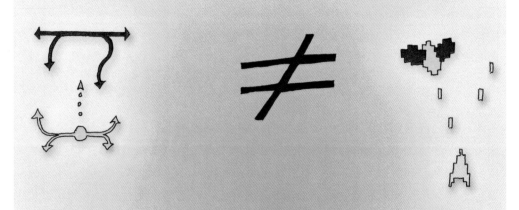

但遊戲設計不僅與機制相關。

在許多媒體中，其展現的要素在內容原始創造者的控制之外。但在某些媒體中，創造者擁有最大決定權。通常會有一個特定的人，其角色就是針對內容創造出整體體驗。理所當然地，相較內容創造者本人，這個人對最終結果擁有較高的權限。就像是電影導演高於編劇，管弦樂團指揮高於作曲家一般。

但在內容設計與最終使用者體驗設計中，則有些許不同。

遊戲設計團隊同樣以上述方式建立。有太多其他的組成要件，對我們的整體遊戲體驗有著極高的重要性，而這些組成要件的整體樣貌，皆取決於此「好玩的人造物」設計師一人。

雖說玩家們終究會看穿虛構的表象，瞭解隱身其後的機制，但這不代表虛構不重要。想想電影吧，電影的目標通常是要讓觀看者無法查覺攝影機執行的那些手法、技巧，以及心態型塑＊。很少有電影嘗試喚起觀眾對於攝影機技巧的注意力，如果真有這樣的電影，那通常都是為了要創造出某些特定觀點。例如，攝影師和導演將畫面移至傾聽對方說話的演員肩膀上方，就能創造出心理學上的親近感。如果所有工作皆足夠完善，則觀眾永遠不會注意到這場雙方對話是分開拍攝的一場戲。這就是電影「詞彙」的一部分。

無論好壞，視覺呈現與隱喻都是遊戲詞彙的一部分。當我們描述某個遊戲時，幾乎不會以形式化抽象系統的角度來說明遊戲，而是描述遊戲給我們的整體體驗。

外表其實相當重要。如果西洋棋的棋子上都是些噁心的東西，那我想，它應該沒辦法流傳至今。

當我們比較遊戲與其他依賴於多種專業才能產生效果的藝術形式時，我們可以發現許多相似之處。就拿跳舞來做範例吧。舞蹈中的「內容創造者」稱為編舞家（以前稱為「舞蹈教師」，但現代舞不喜歡老派的芭蕾舞術語，所以稱謂改變了）。編舞已被公認為是一種學科。事實上，多個世紀以來，編舞一直在困境中掙扎，因為舞蹈沒有符號系統 *。這代表此種藝術形式的大半歷史都已淹沒在時代的洪水之中了，因為，僅僅是因為沒有方法可以重現某段僅透過師徒相傳來保留的舞。

此外，編舞家並不是舞蹈演出中最終的仲裁人，舞蹈中有太多其他變數了。例如，芭蕾舞團的首席女舞者是非常重要的人物 *，原因是傳達力。舞者可以成就舞蹈，正如演員可以成就電影。傳達力不佳代表體驗毀壞，事實上，如果傳達力糟到某種程度的話，連感覺都會沒了。就像是字寫得醜，閱讀者就無法看清字義一樣。

搭建在湖畔的《天鵝湖》舞台，與搭建在空曠舞台上的《天鵝湖》場景，會給觀眾完全不一樣的體驗。這與我們已知的專業人員有關：場景設計師。當然，一場舞劇中還有燈光、選角、服裝、音樂演奏⋯⋯編舞家可能是創作了舞碼的人，但最終，或許是導演創造了整場的舞蹈體驗。

遊戲也一樣。我們可能會使用新的遊戲術語。通常在大型專案中，我們會區別遊戲系統設計師、內容設計師、首席設計師或創意總監（這詞很麻煩，因為在其他領域中這又有不同意思⋯像是圖像設計領域⋯）、腳本家、關卡設計師、世界架構師⋯天曉得還有沒有其他頭銜。如果我們僅將遊戲當成形式化的抽象系統，那就只有系統設計師才是真的遊戲設計師；如果我們能為遊戲的形式化核心找出一個可以與「編舞」比擬的新詞，那我們就會給這傢伙一個從新詞衍生出來的稱號 *。

選角

燈光

服裝

舞台

音樂

編舞家

舉例來說，雖然編舞是舞蹈的核心，
但我們不會說編舞是舞蹈的一切。

這一切都意味了遊戲核心——Ludeme——與遊戲外在樣貌不協調會造成使用者體驗的嚴重問題＊。這也代表了正確選擇遊戲的外貌和虛構主題，可以大幅增強玩家的整體體驗，並且讓學習經驗更加直接。

不加任何裝飾的遊戲機制或許能夠傳達其意義，但玩家有很大的機率會接收到非常抽象的概念。瞄準遊戲就只是個瞄準遊戲，沒辦法產生其他附加意涵。我們很難想像瞄準遊戲與射擊無關，不過，還是有遊戲做到了這一點——現在市面上有數種瞄準遊戲，玩家在瞄準後不是射擊，而是使用相機拍照＊。

如果遊戲想確切地以媒介身分發展，就必須進一步地開發 Ludeme，而不是只在外貌上下功夫。總括來說，業界一直在花時間改良遊戲的外貌。我們的圖像越來越精美、故事背景也越來越完整、情節更巧妙、音效更豐富、音樂更動聽、遊戲環境越來越逼真、內容種類越來越豐富，以及各遊戲中的系統越來越包羅萬象。但是，遊戲系統本身可說是沒太大長進。

這些非主線的進步並非沒有價值，只是與真正的挑戰相比，這一切簡單多了。真正的挑戰是要開發遊戲系統本身的形式化結構，這種類型的開發才真的能提升整體體驗。現在的情況就像是開發了 16 軌錄音機，讓人覺得好像寫歌有了革命性的變動，但其實並沒有。16 軌錄音機或許對編曲和製作有革命性的意義，但一般的歌曲示範版本仍舊只是一個人，伴著吉他或鋼琴所錄製。

嚴格來說，測試遊戲究竟有趣與否的最佳方法，莫過於在沒有圖像、沒有音樂、沒有音效、沒有故事，什麼都沒有的狀況下玩一遍。如果這樣還是很有趣，那所有外在事物就能聚焦、美化、增強及放大遊戲本身的樂趣。但是，我們應該要牢記：所有外在的一切，都無法讓高麗菜變成一盤烤雞。

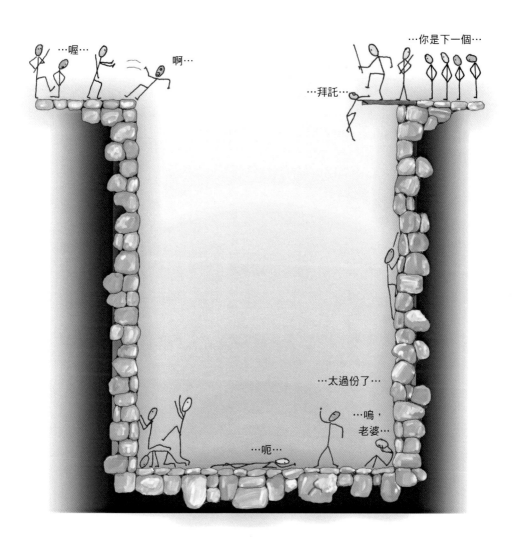

想像一下，如果有個大屠殺遊戲：
你得把犧牲者一個個地往下丟，
而他們會踩在彼此身上，
試圖爬出一條生路。

這代表道德責任問題出現了。遊戲被各種道德問題環繞著：遊戲是謀殺模擬器、遊戲有厭女症、遊戲破壞傳統價值觀……等等。這一切非難的目標都不是「遊戲本身」，而是「遊戲展現出來的外貌」。

對於形式化抽象系統設計師而言，這些抱怨聽起來都是些誤導言論。力量指標與與領土標幟根本沒有什麼文化議題可言。至少這些抱怨的方向都錯了。他們應該抱怨在遊戲製作中，那些等同於電影導演的人。因為這些人才是決定整體使用者體驗的傢伙。

將抱怨導向至導演才是標準程序，因為這也是我們用來要求小說作者、電影製片、舞蹈導演，以及畫家的標準。針對文化可接受之內容底線的討論，才會是有效的討論。我們都知道，表現方式不同會形成不同的體驗。如果我們把舞蹈藝術當成編舞家與導演與服裝設計等人的綜合作品，那我們也該把遊戲藝術當成 Ludeme 與導演與美術設計等人的綜合作品。

不加任何裝飾的遊戲機制，無法決定其自身的意義。不如我們來想像一下吧：如果有個大屠殺遊戲，瓦斯室的形狀像是個水井。你，也就是玩家，要一個個地將犧牲者往下丟進瓦斯室，而這些犧牲者們有著各式各樣的外貌──老人、年輕人、胖子、高個子。當他們跌至最底時，就會開始攀爬至彼此身上，企圖形成一個人形金字塔以逃出生天。如果他們真的成功了，遊戲就會結束，你輸。但如果你丟得太多太擠，最底下的人又會吸入瓦斯而死，你輸。

我才不想玩這個遊戲咧，你會想玩嗎？喔，你當然會想玩，因為這就是《俄羅斯方塊 *》。現在，我已經充分地證明了，再怎麼好的遊戲設計機制，都可以套上討人厭的外貌。我只想對那些認為遊戲藝術僅僅是遊戲機制的人說：電影不單單是攝影藝術或劇本藝術或導演或演員個人的藝術。所以，遊戲藝術也一樣是綜合性的藝術。

這當然不是說攝影師（或 Ludeme 設計師）的藝術性不重要；事實上，如果電影中有任何一部分的藝術性不足，無法相互提升彼此的話，就算所有層面單獨看起來皆為首選，這部電影最終仍舊是失敗的藝術。

這機制可以變成俄羅斯方塊，
但體驗會相當不同。

危險之處在於庸俗。如果我們持續將遊戲當成不足掛齒的消遣，那我們就會把違反社會規範的遊戲當成傷風敗俗的東西。畢竟，我們對於傷風敗俗的檢驗標準僅集中在恢復社會價值。遊戲的樣貌或許能夠恢復社會價值，也或許不能，但重要的是我們應該要瞭解，Ludeme 本身就有其社會價值。從這個標準來說，無論展現出的樣貌為何，所有的好遊戲都該能通過檢驗標準。

所有媒體中的創作者都應對他們的作品肩負起社會責任。想想最近開發的「仇恨犯罪射擊遊戲」，在遊戲中出現的敵人，通通都是創作者討厭的種族或宗教團體＊。遊戲機制本身很老套，完全無法提供任何新意。所以我們可以肯定，這個遊戲就是個仇恨言論，因為這就是該遊戲的目的。

會出問題的遊戲，是同時包含引人入勝的玩法及冒犯性內容的遊戲。而針對此類遊戲最常見的辯護則是：「這遊戲對玩家的影響才沒那麼大咧！」大錯特錯。所有媒體對其受眾都會產生影響。但其他媒體往往是核心才有最大的影響力，因為核心之外的一切，都只是裝飾而已。

所有藝術媒體都有影響力，自由意志也對人們的言行也有影響力。現在的遊戲似乎僅擁有少量的著力點，但是，讓遊戲成長吧。這個社會不需要另一套像《漫畫準則》一樣的蠢東西，這套準則在過去數十年間妨礙了美國的漫畫媒體發展＊。並非所有藝術家和評論家都認為藝術有其社會責任，如果真有這樣的條款，那就不會有針對封殺艾茲拉・龐德（Ezra Pound）＊是否恰當、宣傳品藝術是否合法，或我們是否該尊重在私生活中是個壞蛋人渣的藝術家⋯等等相關的爭論了。我們想知道遊戲或電視節目或電影是否擁有社會責任，這並不足為奇，但曾幾何時，我們對詩問過同樣的問題呢？這永遠都不會有所有人皆同意的答案。

我們能做的建設性工作，就是小心地推動界限，以免適得其反。這也是我們面對《羅麗泰》、《麥田捕手》，以及《現代啟示錄》的方式。身為媒介，遊戲應擁有被認真對待的權利。

以文字表達課程
依舊像是在堆疊積木一樣地死板，
但藝術化的表達形式
則完全不同。

Chapter Eleven
遊戲的去向

迄今，我已在本書中花了很長的篇幅說明遊戲如何與人類產生交互作用。不過，我覺得還是該做出某些重要的區別。在其他媒體中，我們通常會討論某一特定作品如何與人類產生交互作用。這是指該作品為極佳的人類寫照，也就是讓我們能深入探究自我的作品。就像希臘人說的一樣——瞭解自己（Gnothi Seauton★）。這可能是身為人類的我們，所面臨的最大挑戰，同時，在許多不同層面上，這可能是我們生存的最大威脅。

我在本書中討論的許多事物，像是：認知理論、理解性別、學習方式、混沌理論、圖像理論，以及文學批評等等，在人類歷史的長卷上，都是近年來才出現的事物。人類已身在自我理解的大型專案之中，我們過去使用的工具大多數都極不精確。隨著時間推移，我們發展出了更好的工具，以便能更全面地瞭解自己。

這是相當重要的嘗試，因為其他人已成為了對人類自身最有威脅的掠食者。今日，我們已經瞭解了全體人類之間的相互關聯性，雖然西半球往往不知道東半球在做些什麼；但我們也知道自己的行為往往會產生自己從未預期過的深遠後果。有些人，像是詹姆斯·洛夫洛克（James Lovelock），早已目光深遠地將我們全體稱為「超級有機體（giant organism）★」。

描繪人類狀態，
以及描繪在遊戲中存在的人類狀態，
對我們的遊戲而言是兩碼事。

*上圖所有引述文句
皆來自沙特（Sartre），
對線上多人角色扮演遊戲的思考。

我並非基於幻想或理想主義才這麼說，但由於人類在醫學影像、網路理論＊、量子物理，甚至行銷企劃＊等各式各樣的領域中突飛猛進，所以，我們在許多方面，都站在比過去更深入瞭解自身的臨界點上。我們對這世界的許多看法，來自於自身感知能力的型塑以及接收資訊的篩選方法。釐清我們對篩選方法的理解，就形同重新型塑我們與世界的關係。

在此情況下，看到那麼多沙特的名言出奇地適用於我們與遊戲所建立之虛擬世界的關係，其實是件很有趣的事。哲學系的學生可能會告訴你，沙特只是意識到我們所感知的每個世界中皆具有人工性，因為說到底，這一切都只是精神結構罷了。

因此，遊戲迄今仍未能真正幫助我們，擴大我們對自身的理解。遊戲反倒成為了展示人類最粗魯、最原始行為的競技場。

真正富有啟發性並且探索人類處境的遊戲，與玩遊戲時可以看到如何展現人類處境的遊戲之間，有個關鍵性的不同之處。從理論上來講，後者能讓人產生興趣，但事實上又不足為奇。只要我們與某事某物某人產生互動關係，隨時隨地都可展現出人類處境。就像本書嘗試所做的一切：探究我們與遊戲之間的關係，或許就能更加瞭解人類自身；但對於遊戲來說，如果要真正上壘得分，就必須能提供我們對自己的深入洞察。

遊戲就像是棚架。

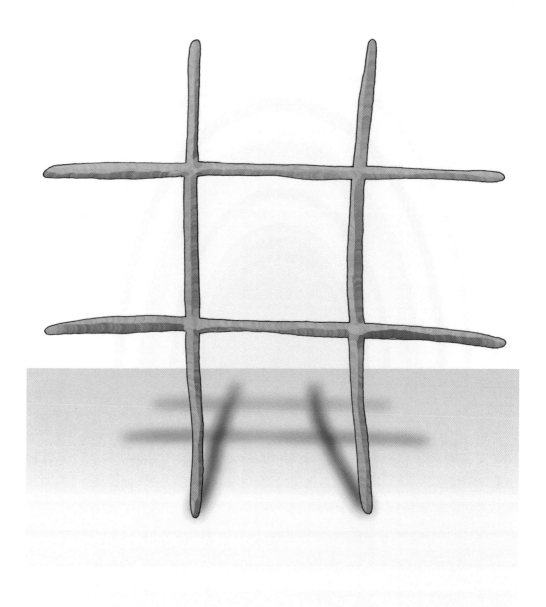

現今，大多數的遊戲都與暴力、權力和控制有關。這並不是什麼致命性的缺陷。事實上，如果你仔細觀察基本建構元素，就會發現幾乎所有的娛樂都與性和暴力有關。這是因為這類型的情感通常會和愛情、渴望、嫉妒、自尊、長大成人、愛國主義…及其他幽微的概念相關。如果你抽走所有性和暴力的元素，那可能就剩沒多少電影、書籍或電視節目了。

雖然我們哀嘆這個領域不夠成熟，但我們也不需要為了一顆樹放棄整片森林。性與暴力元素過多並不是最大的問題，最大的問題是淺薄地看待性和暴力。這就是我們譴責一般玩家在線上世界中殺人的原因；這就是我們對孩子氣的性愛聊天記錄嗤之以鼻的原因；這就是我們討厭看到在沙灘排球賽中胸部晃動的原因；這也就是我們覺得種族或女性相關描寫擾人的原因。同時，這也是當我們聽說遊戲中可能出現有意義的衝突時覺得興奮的原因；或是當我們討論網路關係的「真實性」時，採取防禦性態度的原因。

我們必須承認，在描寫人類處境這件事上，一般的卡通比遊戲高明多了。

可以型塑植物如何生長的棚架。

在此，我想使用棚架的方式來做個譬喻：把人當成植物，把遊戲當成棚架。某種程度上，植物的生長形態會受到棚架的影響；另一方面，植物生長時，也會逸出棚架的範圍之外。這兩種狀態都是植物的天性。植物會從環境及其天生本性中學習，在適應環境的同時，也會嘗試逃離束縛、努力生長、盡力繁殖，成為花園中最高的那株植物。

不過，當我們看著曠世藝術之作時，我們會發現這些作品皆以特定方式型塑而成。藝術作品就像棚架一樣，將植物型塑為特定的樣貌。藝術作品的背後皆有其意圖，目的是讓植物在成長時能夠獲得某些特定的事物。

並非所有領域都擁有達成此目標的訣竅。文學在許久之前就已深諳此道；而音樂則是稍晚才發現特定頻率的聲響組合、特定週期的聲波脈動，以及特定音色的組合，能夠達成某些特定的預期效果。相較之下，最近建築領域才發現可以將我們所處的空間，型塑為擁有特定意圖的樣貌 *——空間的分割方式、天花板的高度、自然光射入的位置、人們可以走動的位置，以及牆壁上的色彩，都會讓我們在走進該空間時，感受到憤怒、好奇、友善，或者反社會的情緒。

通常，植物會溢出棚架的結構之外，但那並不是因為棚架做了些什麼，而是因為植物做了些什麼。

我昨天晚上本來在玩這個遊戲，可是我突然理解了歷史的徒然性，過去的事情一直不斷地重複……

…呃…
我上課要遲到了…

雖然遊戲起源於史前時代，但遊戲仍非成熟的媒介。這並不是因為我們尚未確實掌握如何創造「有趣」；也不是因為我們沒有可定義「有趣」的字彙；不是因為我們沒有可以說明特色或機制的術語；也不是因為我們只知道如何創作對權力的幻想。

這是因為當你使用「音樂性棚架」養育植物時，棚架製作者可以將植物型塑成許多不同可能的樣貌；當你使用「文學性棚架」培育植物時，作家可以將植物型塑成許多不同的樣貌。

但在現今世界中，當你使用「遊戲棚架」培育玩家時，我們僅能討論「有趣」與「無聊」兩者。如果想要掌握遊戲這種媒介，那就必須瞭解創作者的意向。形式化的系統必須擁有實行其需求之學習模式的能力。

如果做不到這一點，那遊戲將永遠只是二流的藝術形式。

我不會假裝自己知道如何達成此一目標，但我已在許多遊戲中看見了希望的曙光＊。我看到了某些遊戲創作的可能性——這些遊戲的規則來自我們對於人類自身的認知，並且與新發現的人類心智規則反應相反。

我們知道如何創作其形式機制為攀爬社會地位階梯的遊戲，但我不知道如何製作與「高處不勝寒」相關的遊戲。不過，我想我可以看見如何達成此一目標的方法。

熱門排行榜

哈姆雷特：致命遊戲

工作世界

模擬甘地

反抗種族主義

M.U.L.E. 線上版

嘿，《拘留之戰3》
上了嗎？

呃…又延期了。
大概四月吧？

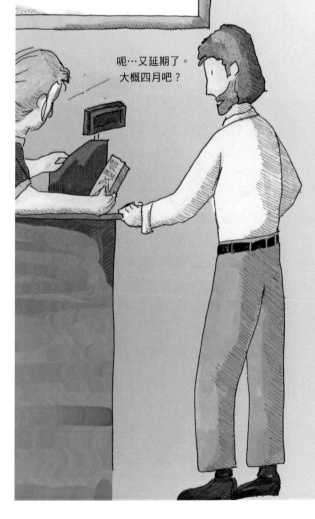

遊戲如果想成為藝術，
則其棚架本身，
也就是遊戲機制，
必須能對於人類處境
有所啟示。

想像一下，如果某個遊戲會根據你控制的人數給你行動的能量，但若在攻擊中受了傷，治療你自己的能量僅來自於你擁有的朋友人數。現在，加上另一條規則：在你獲得能量後，你的朋友就會離你而去。這些規則可以使用數學語言表達，並且也適合置入抽象的形式化系統中。當然，這也可以是某種藝術表現，某種 Ludeme 設計師的精心選擇。

現在，困難的部分來了——這個遊戲的勝利條件必須「不」成為最頂層或最底層的人。勝利目標必須是某些其他的事物，像是確保整體部族的生存…等等。

突然間，我們發現處於頂層並且沒有盟友會是個勝利選擇；處於較低的身分階層也會是個選擇，而且可能是個更好的選擇。這個遊戲呈現出與特定期望結果相關的模式和體驗。當然，我們也需要正確的回饋：我們應該獎賞所有為了部族利益而自我犧牲的玩家。方法有很多，像是當這種玩家在遊戲中被俘後，即使無法再直接行動，也應該根據他們先前依規則所做出的行為給予分數。這代表了他們的遺產，也就是單純的權力遊戲無法給予的重要心理驅動力。

若真有這樣的遊戲，那我們一定可以從中學習到許多不同的課程，並且瞭解策略的選擇問題不會有正確答案。這其實只是單純地體現了這個世界的某些面向。當然，我所敘述的這個遊戲僅是非常粗糙，沒有任何細節的概念，不過，這個遊戲範例，或許比模擬戰爭遊戲中的戰術，更能教導我們更加真實且幽微的事物。我們應該要開始創造某種機制，這種機制模擬的不是權力投射，而是義務、愛、榮譽、責任等高尚的概念，或是更進一步的「我希望孩子們擁有更好的生活」。

製作遊戲的障礙物，也就是依照我們選擇方向型塑玩家的棚架，並非遊戲的機制。製作遊戲的主要障礙是心理狀態、是態度，是世界觀。

從根本上而言，是意圖。

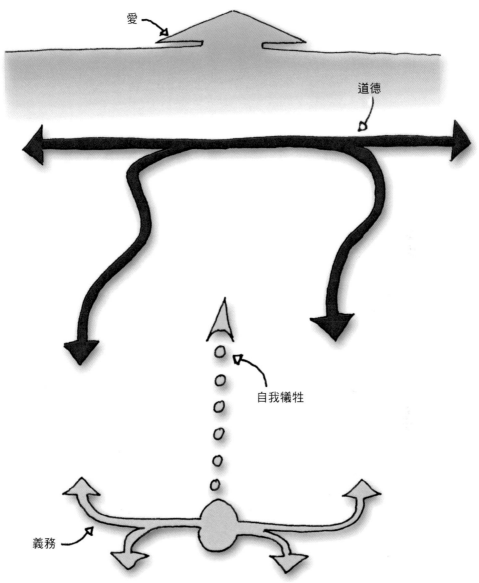

愛

道德

自我犧牲

義務

這意味著遊戲中的謎題，
必須比「領土」、「瞄準」、「時機」等
動物性概念更有意義。

Chapter Twelve
讓它們擁有正確的位置

有些遊戲已經成功地使用了機制描繪如社會公益或榮譽等概念——我現在想到的就是丹妮．布頓．貝瑞（Dani Bunten Berry）的作品＊。但還是有很多遊戲並未有意識地朝著這個方向努力。遊戲擁有與其他溝通媒體並駕齊驅的能力，也擁有成為藝術的能力。它們可以描繪人類的處境，也可以變成教學工具。遊戲能夠承載社會導正的內容，也能觸動我們的情感。

但是，我們必須相信遊戲能夠辦到這一切，如此一來，它們才能發揮潛力。我們必須深入探究系統設計流程、Ludeme 建構流程；我們必須瞭解遊戲擁有這種潛力和能力。我們必須將自己視為藝術家、老師，以及擁有強力工具的人。

現在，是時候了。遊戲應該要離開只教導玩家領域、瞄準、時機，以及其他種種單一模式的狀態，因為這些主題早已不是我們現今面對的首要挑戰了。

當媒介成熟時，
遊戲就該獲得與
其他溝通媒體相同的地位。

遊戲不需要像《聖母憐子圖》一樣，激出我們的眼淚。

遊戲不需要像《黑奴籲天錄》一樣，喚醒我們對於不公不義的憤怒。

遊戲不需要像莫札特的《安魂曲》一樣，將我們一步步地帶向敬畏的情緒。

遊戲不需要像杜象的《下樓的裸女二號》＊一樣，讓我們徘徊在似懂非懂的邊緣。

遊戲不需要像《貝奧武夫》一樣，記錄我們靈魂的歷史。

事實上，遊戲可能無法做到這一切。但我們也不會要求建築藝術或舞蹈達成這一切。

可是，遊戲的確需要為我們照亮那些人類還未完全瞭解的自身面向。

當遊戲中的難題達到了
其他藝術形式中之難題的複雜度時，
就是遊戲藝術形式

成熟之時。

遊戲的確需要向我們展現尚未找出解答的問題和模式，因為這些問題和模式能夠加深我們對自己的理解。

遊戲的確需要在包含作者意圖的形式化系統中創作。

遊戲的確需要承認自己對於人類思考模式的影響力。

遊戲的確需要與社會責任問題博鬥。

遊戲的確需要嘗試將我們對於人性的理解套用至遊戲設計的形式面。

遊戲的確需要制訂一套關鍵詞彙，以便我們能夠分享在此領域中的共識。

遊戲的確需要在界限內推展。

希望遊戲可以提供娛樂的人，
以及希望遊戲成為藝術的人，
他們之間其實並沒有隔閡。

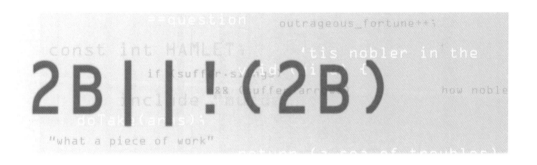

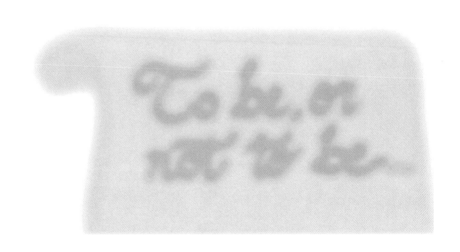

最重要的是遊戲及其設計師們，必須意識到娛樂和藝術之間其實並沒有區別。如果將遊戲當成是人類努力之事物，並且以人類實際運作之內在核心角度來看，我們就不會貶低遊戲。我們就不會認為遊戲只是微不足道且孩子氣的事物。

沒有其他任何一種媒體的從業人員會覺得只是因為做好了自己的本分，就無法創造出擁有改變世界能力的事物。遊戲設計師當然也不該這麼想。

所有藝術與所有娛樂，都會對其視聽者提出難題、問題，以及挑戰。所有藝術與所有娛樂，都會督促我們更加理解周圍的混亂模式。藝術與娛樂不是用來分類的名詞，而是張力的代名詞。

因為所有藝術都會提出問題與謎題——
可能是很困難的問題，
可能是關乎道德的問題。
而在設計師尚未替自己心中所有謎題找出完整答案前，
他們創作出的遊戲將不會是成熟的遊戲。

為什麼？因為人都有惰性，但人類又都希望自己與其後代能有更好的生活。這就是驅動人性，驅使我們生活的「盲目衝動」，也是激發深藏於我們全身上下那些自私基因的祖先遺傳。

對自己誠實吧。我們都知道，大多數的人，大多數的視聽者，對於自己都相當自滿。他們非常喜歡一個又一個晚上地賴在躺椅上，看著與上週內容沒什麼不同的連續劇。他們安於簡單的娛樂。

我們稱其為「流行音樂」；我們稱其為「大眾市場」。而事實上，遊戲就是應該要進入所謂的大眾市場。我想，在某種程度上，我正在作戰的對象，就是認為遊戲的最終命運和其他藝術形式沒什麼兩樣的觀點。我們記憶中的藝術，是開創展新局面的工具；至於該藝術作品是否流行，主要都還是來自於歷史的偶然性。當初，莎士比亞是位受歡迎的劇作家，但後來卻被遺忘了數百年之久 *。流行與否，並不能用以衡量長期進化的成功。

當然，我們知道大多數的人都習於安逸，
所以，不想再以那種方式挑戰自己了。

另一隻
不知打哪來的企鵝

如今大量經由媒體所散佈的內容，不外乎是為了達成撫慰人心、堅定信念，以及保護感受等簡單目的。能夠吸引我們的事物，就是自己早已喜歡的音樂、早已瞭解的道德觀，以及可以預測其行為的人物。

以最悲觀的角度來看，這其實是不負責任的態度。當那些娛樂活動中缺乏挑戰的人遇上環境改變時，他們將缺少適應的方法。創造者的天命，是要為這些人提供適應的方法，當世界改變時，當文化變革的潮流席捲而來時，這些在躺椅上的人才能順著文化變革的潮流而走，人類進化的路途才能繼續。

總是會有一群玩家，
喜歡舒適地解決那些他們早就知道
如何解決的謎題。

玩遊戲能夠教導我們如何生存。因著許多文化因素，我們讓遊戲在人類文化中占有一席之地的同時，被貶低、被矮化、被講的一文不值、被放在「工作」、「練習」，或「嚴肅」的對立面。迄今，仍舊有一股文化暗流本能地在運作，企圖將遊戲從我們的生活中踢出去。

遊戲在史前時代對我們來說很重要。或許，我們現在已成長到不需要那些簡單的課程了；就像是在我們長大成人後，不再會做出孩子氣的行為一樣。

但是我的孩子們讓我瞭解：兒童們有其獨特的心智狀態，他們會不斷地追求「學習」。

我，身為一個人，不希望將遊戲扔到一邊，我也不希望任何人拋開遊戲。

在身為山頂洞人的日子裡，狼和老虎會獵食人類。

最後，如果我能在做了一整天的遊戲之後說：這個遊戲能讓某個人學會當個更好的領導者、更好的父母、更好的同事；這個遊戲讓某人學會保住工作的新技能、學會在其領域中提升技術的新技能、學會讓他再多成長一些的新技能……

那我就會知道我做的一切都有價值、都值得、都對社會有所貢獻。

我可以輕聲地對自己說：「我連結了人們。」

「我教導了人們。」

爺爺，您聽見了嗎？

我製作遊戲，並且以此為榮。

現在，我們比較從容了——
獵食我們（人生）的變成工作。

有趣很重要，爺爺

這對我來說是一趟很長很長的旅程，毫無疑問地，隨著我的孩子們持續成長，這條路只會越來越長。

我看著他們開始學習什麼是互相尊重。

我看著他們瞭解資源有限，必須分享事物。

每一天，他們都會連結起無數的神經細胞；學會的新字數量多得令人目瞪口呆；用我幾乎記不得或不屑一顧的方式慢慢進步。

在他們的成長之路上，遊戲幫了很多忙，對此我心存感激。我並不會矯情地說：「孩子們不用成龍成鳳啊。」所以，我還是會運用在這條路上能幫助我們的所有工具。

有很多年長者因為失去了神經細胞、失去了聯繫、失去了自己一路以來建立的模式，所以只能看著週遭熟悉的事物越變越少，直到自己只能無助地忍受這個世界分崩離析，成為一片「雜音」。如果我們能持續面對新的問題和挑戰，藉以保持心智的彈性，那麼我們都可以過得更好。

在爺爺過世前不久，曾經對我說過：「我想要弄台電腦，看起來網際網路和業餘無線電的差別也不大嘛。我應該試試看。」

遊戲是強而有力的良善工具——
遊戲能重新連結我們的大腦神經，
就像書籍、電影和音樂一樣。

像素人

在我抵達加州聖荷西的某間旅館時，收到了爺爺過世的消息。我之所以前往聖荷西，是因為要參加一年一度的遊戲開發者大會（Game Developers Conference）。冥冥之中，一切好似都有天意。

在科倫拜校園事件 * 之後，他問了我寫在前言中的那個問題，當時，因為發生了校園槍擊案，整個世界好像突然間失去了所有意義，我明白他為什麼會那樣問我。

遊戲是惡魔的工具嗎？遊戲是良善的工具嗎？遊戲頂多只是無足輕重的小把戲嗎？還是，反過來說，從最糟糕的角度看遊戲，遊戲只是毫無意義的玩意兒呢？

對我們來說，確實地瞭解答案是很重要的一件事，這不僅能讓我們這些遊戲工作者睡得更心安理得，也是為了讓關心我們工作的家人、朋友，以及社會文化能夠安心。

人們害怕遊戲的影響───
害怕自己某天在大街上會被殺害。

這是不可能的事

遊戲儼然已成為人類活動的一部分，而人類活動並非總是美好的、高尚的、無私的。遊戲中有很多愚蠢的行為、遊戲玩家也會做出很多愚蠢的行為，製作遊戲的人，也一樣會做出很多愚蠢的行為。

但是，我們可以改變無知。人類活動的驅動力，或許來自自私的基因、來自不實的認知幻象，或是來自反動派的部族文化和短視近利的統治階層。

不過，這世上仍舊存在著「救火隊」：那些辛勤工作的特教老師和建築師。他們建構起安全的空間，讓我們可以自在地生活，養育我們的孩子。

我在本書中提出了一個近似於機械式的世界觀，這個世界觀與爺爺根深蒂固的宗教信仰或許全然地背道而馳。但是，我相信我們倆都會得出相同的結論：

為了理解我們所做之事的任何努力，都可能阻擋黑暗邪惡的到來。

新的事物可能會讓我們感到恐慌，就像是交響樂中的不和諧音會讓音樂愛好者騷動一般⋯

但是，時間會撫平一切，最終伴隨我們的仍是美好的音樂。

所以答案很明顯了：我樂於站在自己希望能培育出的人性那一面。

就像故事和音樂一樣，
遊戲與玩耍是人類大腦運作的基礎之一，
實在不可能成為導致暴動的誘因…

著名的古典音樂「暴動」

1838
白遼士：
班維奴托·切利尼

1913
史特拉汶斯基：
春之祭

1923
喬治·安塞爾：
機械芭蕾

1917
薩提：
遊行

1926
拉威爾：
馬達加斯加之歌

我無法責難爺爺對於那些看起來新奇的事物感到緊張，雖然那些事物實際上已經存在很久很久了。這只是爺爺的自然反應，一種人類在陌生事物出現時的自然反應。

追尋「有趣」的本質，以及玩遊戲的核心，讓我對於自己的工作，以及做這些工作的原因更加心安理得。

我們擁有非常強大的工具，雖然這個工具已經達到所有年齡層的人都能接受的高峰，但我們仍未能充分利用這個工具。我們應該要負責任地使用這個工具，瞭解應該如何讓此工具融入文化之中，並且尊重這個工具的能力。

音樂的曲名，能在僅僅數字之內就表現出該樂曲的精華內容。就算沒有曲名，我們也能夠像欣賞純粹樂聲一樣地欣賞潘德列斯基的《廣島受難者輓歌》＊，或任何阿隆·科普蘭＊的作品。然而，在音樂與標題之間的空隙中，我們更能感受到作品的意義。就像電影的意義，必須藉由表演與劇本與拍攝來展現。

其他藝術形式很早就瞭解了這一點；舉例來說，威爾斯的舞台作品《馬克白》，將故事轉化為海地的巫毒教背景，這就是經由選擇性調整藝術形式中某一部分所達到的成就。

上述這一切都只是為了要說明：我認為我們不可忽略商業遊戲產業中的性別歧視、階級歧視、偶爾出現的種族歧視，以及整體的粗俗感。從機制的角度看《俠盜獵車手》遊戲中的妓女，就只會是一個能量提升的物件＊。但在體驗遊戲時，遊戲評論家會將妓女與遊戲內容分開談論。老實說，遊戲評論甚至還沒發展到可以給這種特定遊戲物件及其互動行為一個正式名稱。

對此，我的答案是：我樂於接受自己在此方面的責任。我們必須改進。

不代表遊戲設計師在創作時
可以不用負起責任——

如果遊戲僅是娛樂，而我爺爺的擔心正確無誤，那麼，負責任地製作遊戲，並且努力讓遊戲闡述人類處境，我至少不會造成危害。

如果我認為這只是一個聰明好玩的玩具，進而傻呼呼地對待這種媒體，至少，我可以確保自己在這個過程中不傷害其他人。再好一點的話，我可以非常非常非常嚴肅地看待這個聰明又好玩的玩具，並且假設這是能使人向善或向惡的強力工具。再盡我的全力，讓它成為教人向善的工具。

這是帕斯卡的賭注 *。如果這一切「只是遊戲」，那我自始至終就只是個瘋子。但若這一切「不只是遊戲」，那就只有兩條負責任的路：其一是全面撤退，讓有資格的人去運用這種工具；其二是讓自己盡可能地擁有使用這種工具的資格。

我的答案是：才不要打這種愚蠢的賭。

要讓爺爺為我所做的一切感到驕傲，其實相當簡單，真的！這和他每次在工作坊裡拿起木工工具時，所成為的角色沒什麼不同。

要努力鑽研工藝技巧。

量兩次，切一次。

感覺木材的紋理；與其共舞，而非反抗

創造意想不到的作品，但要忠於其源。

這些對我來說都是創作的好建議。我的答案是：我會這麼做。

我的孩子已經會玩某些讓我覺得不太舒服的遊戲，也會說一些讓我覺得不高興的事，就像我製作遊戲讓我的爺爺覺得不太舒服一樣。這就是「欲有所得，必有所失」。

為了要發揮這種媒介的潛力，我們必須要打破某些限制，這可能會讓人覺得不太舒服。我們將會宣稱遊戲不僅僅是娛樂，而我們可能會製作出某些嚇人、或冒犯，或挑戰人們珍視之信仰的作品。

這不是為了作怪，所有媒體都這麼做。

我承諾：我將盡我所能，不讓任何人受到傷害。

對我們所有遊戲設計師而言，這代表了一個極為艱難的任務：重新評估我們自身在生活中的角色。這代表我們必須認知自己對他人有責任，但我們以前都認為自己擁有無憂無慮，不需在意他人的生活。這代表我們必須對自己正與之共事的工具——那些反覆修改的機制與來來回回的意見反應，那些連結人類大腦與憂慮的曲微小徑——給予更高的尊重，同時，我們也應該更加尊重遊戲的視聽者和玩家。

他們值得擁有比跳躍難題更有意義的遊戲。身為遊戲設計師，我們必須相信自己可以傳達更多有意義的事物，而且我們必須相信自己應該這麼做。

對於自己所說的一切，我深信不疑。

因為尊重玩家，
就代表給予他們真正的挑戰，
就像最好的小說給予讀者的
複雜挑戰一樣。

要跳，還是不跳，
這是個值得思考的問題；
忍受遊戲中殘暴的魔王怪物
針對我而來的明槍暗箭，
還是在麻煩之海中取得能量提升的
物件後將它們一掃而空，
這兩種行為，哪一種更高貴？

死了；睡著了；什麼都完了；在這一種
睡眠之中，我們心頭的創痛，
以及其他無數血肉之軀所
不能避免的打擊，
都可以從此消失。

換句話說，
跳吧跳吧。

最後，這代表其他每個人──像我爺爺一樣的人──必須理解我們在社會上所扮演之角色的價值。我們不是在地下室玩怪異形狀骰子的書呆子＊；我們也是你家小孩的老師。我們不是不負責任的 14 歲死小鬼（呃，大多數不是），我們也為人父母。我們不會只因為覺得好玩，就在全世界各地的電視螢幕上散播血腥與色情畫面。

遊戲值得獲得尊重。身為創造者的我們必須尊重遊戲，並且正確地發揮遊戲的潛力。而這世界中的其他人，也必須尊重遊戲，並且給予遊戲空間，讓遊戲能成為它們可以且必須成為的模樣。

所以，我的答案是：對，我們做的事值得他人尊重。

這個社會也必須
尊重其自身所包含的遊戲。

即使聽到了我說的這一切，以及其他在遊戲產業中的人闡述其他想法後，這個社會或許仍將繼續對不熟悉的事物做出本能反應。

也許現下如雨後春筍般冒出的遊戲研究學術課程，以及羽翼未豐的遊戲學領域，通通都只是失常且不足取的現象。

但是，繪畫也曾經被當成剝奪事物真實本質的褻瀆行為；舞蹈也曾經被視為無法表現高尚情操的放蕩把戲；小說原本是要讓家庭主婦足不出戶的自我放縱式哥德風廢話；電影原本只存在於低俗遊樂場中的垃圾放映機上＊，根本沒有成人會去看一眼。爵士音樂曾經是會讓年輕人誤入歧途的魔鬼音樂；搖滾樂則會摧毀國家結構。

莎士比亞本人，其實也只是個跑龍套的傢伙，有時為貧民窟的劇院寫點三流劇本而已；正派的女性不可以到戲院看戲，只要踏進戲院名聲就全毀了，當然，更別說是上台演戲了。

相較以往，我們已經學會了更多。

所以，我們這一次仍舊可能不會……

終有一天，如果這個社會足夠寬容，
遊戲會擁有屬於自己的莎士比亞。

如果真是這樣，我們就應該把所有棋盤棋組包起來…

把所有的球和網和運動用品都收起來…

把所有的娃娃和玩具車都收起來…

把這一切裝進箱子，裝進樓梯最上層的箱子…

裝進我們會放進閣樓的箱子…

放在窗下，緊鄰已扣卻未鎖的窗閂…

我們應該將所有孩子氣的東西都丟到一邊，走進年輕人和內心依然年輕的人看得見卻聽不到的世界。

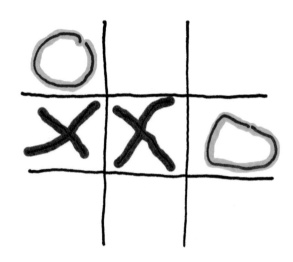

但是，如果我們無法理解遊戲為何重要，
「有趣」又佔有何種地位，
那所有的遊戲最終都將會變成井字遊戲。

對此，我要說

不。

因為我不想錯過孩子們眼中閃耀的快樂與好奇之光。

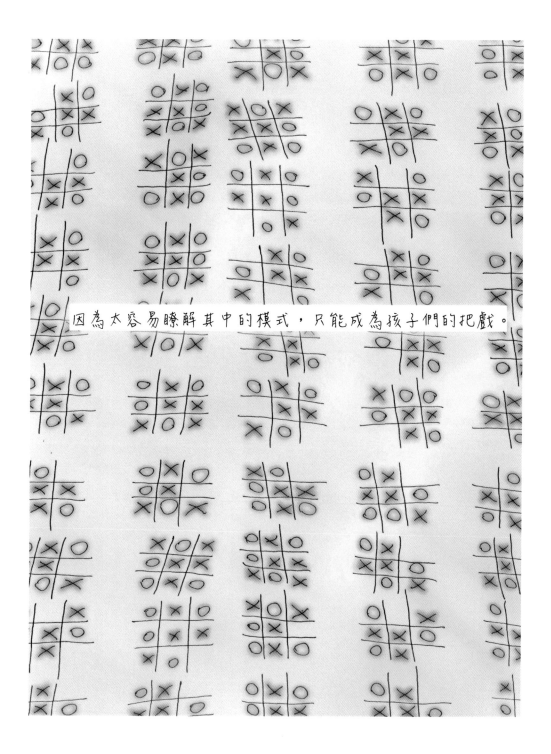

因為太容易瞭解其中的模式，只能成為孩子們的把戲。

後記

十年後

這一切始於第一次奧斯丁遊戲研討會（Austin Game Conference）* 上的主題演講。

那次的演講帶出了這本書的概念，從本質上來說，這本書可說是那次演講的簡報幻燈片改寫本，加上極度擴張演講本文之後的產物。在緊迫的截稿日期面前，我花了幾個月的時間畫出書中的插圖，所以這些圖看起來大多非常粗糙。這些圖都是使用工程針筆和西卡紙完成，這些物品在電子時代已經很少見了。而文字本身則沒花我太多時間，大部分的文本僅在一個長週末就完成了。

當然，我並不是第一個主張「遊戲是學習的主要形式」的人 *。但當我寫這本書時，遊戲正持續地遭受社會規範的攻擊，並且也尚未在史密森尼美國藝術博物館 * 中展出。許多遊戲設計師相信，遊戲無法被視為藝術形式 *。我們也尚未看到任何案件，依照憲法第一修正案來保護遊戲 *。遊戲書籍大多是寫給遊戲開發商的基礎手冊，當然，其中會包含一些給人希望的範例。

對我來說這本書受到的認同，迄今仍遠遠超乎我的想像。本書成為了世界各地遊戲設計課程的指定書籍，我覺得自己真的是無比幸運，能夠經由這種方式，接觸到許許多多蓄勢待發的設計師。同時，我也打從心底希望自己不會毀壞他們的人生。在我離開這個世界時，除了我的孩子們，這本書大概就是我能留下的最大單一遺產了。

撰寫本書改變了我自己面對工作的方式，並且帶我走上了至今仍在繼續的知性與創意之旅。在那場演講的十年後，我參加了最近一次的奧斯丁遊戲研討會，並且發表了《十年後》的回顧。有始有終。

現在有種快樂的科學（這！）。研究人員說快樂來自於感激的心情、使用力量、社會連結感、努力達成目標，以及樂觀主義…等等因素 *。這聽起來就像是遊戲在最好的狀態下，讓我們感受到的一切，同時也可能是一切最重要的結局。

或許是因為，在我的生命中，「玩遊戲」這個行為本身引領我將遊戲看成系統與機械裝置的組合，同時，遊戲也教我應該要用這種方式去觀察世上的一切。但十年後，回頭看著這一切，我發現遊戲不只是系統中的漩渦。遊戲，是我們生與死之間的空間，也是我們可以竭力尋求快樂的空間。

感謝您閱讀本書。

筆記

前言：

井字遊戲（xviii）：也被稱為《圈圈叉叉》。井字遊戲與其表兄弟五子棋（使用 13x13 或 15x15 的棋盤，先將五個子排成一排者勝）和 Qubic（4x4x4 方塊）都適用於數學分析。井字遊戲相當平凡無奇，僅有 125,168 種可能的賽局。如果我們認可賽局擁有旋轉對稱性的話，那這個數字會少掉一大半。當兩位玩家皆採用最優策略時，遊戲的結果會永遠都是和局。

第一章：

同源詞（2）：起源為同一詞根的字，就算在不同語言中，也會擁有相似的意義。語言通常會從其他語言中借用辭彙，所以在不同語言中可以看到類似的字。通常這些字的意義、發音，或是拼寫方式會發展到面目全非的程度。

尼加拉瓜的失聰兒童（2）：已有許多論述尼加拉瓜手語（也被稱為 NSL 或 ISN，ISN 為其西班牙文的首字縮寫）的相關文獻。在 1979 年，第一座失聰人士學校啟用前，尼加拉瓜的失聰兒童彼此間沒有聯繫，並且也未受過正規的手語教育。數個世代以來，這些孩子發展出一套可相互溝通並且擁有完整功能的手語。這被認為是歷史上第一次，科學家們能夠親眼觀察自發形成的語言（而非有意創造，如世界語）。您可在 www.nytimes.com/library/magazine/home/19991024mag-sign-language.html 查看此故事的完整樣貌。

NP 困難及 NP 完全（4）：這些是複雜度理論的術語，複雜度理論是數學的分支之一，研究解開某一特定問題的難度有多大（與之相對的分支為「可計算性理論」，研究不同的計算模型下可解開哪些算法問題）。其他複雜度的類型包括 P、 NP、PSPACE 完全，以及 EXPTIME 完全。許多抽象化的棋盤遊戲都可使用此法，根據其數學複雜度來分類；舉例來說：西洋跳棋為 EXPTIME 完全、黑白棋為 PSPACE 完全。向世人說明遊戲已陳舊過時是數學家最愛的消遣活動。他們已經證明了在屏風式四子棋和五格骨牌此類遊戲中，只要玩家們的能力都夠好，那麼起手玩家將永遠都是贏家。

薛西弗斯的任務（6）：薛西弗斯被判處要在冥府身處的地獄中，將一塊沉重的大石推上山的刑罰。每次當他即將抵達山頂時，石頭就會滾下山，讓他必須再來一次。從好玩的角度而言，這在現今的電動遊戲中，就是「讀取存檔，再來一次」。

從比較嚴肅的角度來說，因為網路遊戲的高難度關卡，往往會吸引老練的玩家，所以一般玩家根本沒辦法與他們競爭。此外，線上遊戲的規則經常改變，這代表玩家們所進行的任務根本就是薛西弗斯式的任務；想要登上玩家排行榜的巔峰，就必須隨著每次的細部更新改變策略和戰術，這讓玩家需要重新學習大部分的遊戲。

哇哈哈哈哈（8）：經常可在網路遊戲中聽到的幸災樂禍笑聲。

智力遊戲與阿茲海默症（8）：2003 年 6 月出版的《新英格蘭醫學雜誌》中有篇研究，指出遊戲等智力挑戰可以延緩阿茲海默症。遊戲並非是該研究中唯一的智力挑戰項目；演奏樂器、學習新語言，或是跳舞都有相似的效果。 2013 年有另一篇《愛荷華州健康與積極思想研究》，顯示某些電動遊戲對於整體認知功能有正面影響，這是填字遊戲做不到的事（該研究結果發表於 PLOS ONE, http://bit.y/plos-one-random）。

頂點遊戲（10）：有許多遊戲會要你將所有物件一個接一個地相連起來，這可用圖論來表達問題。圖論是數學的分支之一，研究頂點和邊組成的圖形。每個節點都稱為頂點，每條連接線都稱為邊。以此種高度抽象的方式分析遊戲，可以瞭解許多如何才能玩得好的基本特性。

比電影產業賺更多錢（10）：2011 年，《洛杉磯時報》中的報導說：全球電影票房收入為 318 億美金；而 Gartner 的研究說：電動遊戲產業達到了 740 億美金（其中大部分為遊戲收入）。然而，票房收入並不是電影唯一的收入來源：發行 DVD、影音串流服務、飛機播放授權、電視播放授權，甚至是電動遊戲製作授權都屬於電影收入。另一方面，遊戲產業的收入數字包括了硬體銷售金額，以及可用於媒體裝置的遊戲機手把。所以，爭論仍在繼續中。

第二章：

賽局理論（12）：數學分支之一，研究形式化模型中的決策。大多數遊戲都可解譯為形式化模型，但賽局理論（就像經濟學一樣）傾向在測試數學假設時，使用相衝突的真實世界數據，這主要是因為賽局理論為基於最佳化策略所發展出的理論，但大多數的人並非總能達成最佳化狀態。賽局理論無法幫你設計出更好的遊戲，但可以說明為什麼人們在遊戲中會做出某些選擇。

羅傑・凱盧瓦（Roger Caillois）（12）：人類學家，著有《Man, Play and Games》（1958）。在書中，他依機會、競爭、假裝或虛構，以及暈眩，將遊戲分為四個種類。他認為遊戲是文化適應工具。

約翰・赫伊津哈（Johan Huizinga）（12）：《遊戲人》的作者（1938）。這本書主要在探討遊戲在人類文化中的重要性。赫伊津哈定義了「魔術循環」的概念，在魔術循環中，遊戲受到保護，並且擁有不受侵害的神聖地位。

雅斯培・尤爾（Jesper Juul）（12）：近期推動「ludology」的學者領導人。他的網站是 www.jesperjuul.dk/。如想瞭解「ludology」，推薦閱讀其著作《Half-Real》（MIT Press, 2011）。

克里斯・克勞佛（Chris Crawford）（14）：電腦遊戲設計產業的前輩，其開創性作品包括《Eastern Front 1941》和《權力平衡》。克勞佛一直以來皆主張遊戲就是藝術，並且提倡互動式故事敘述法。其著作《The Art of Computer Game Design》被視為經典。

席德・梅爾（Sid Meier）（14）：現今最為人讚譽的遊戲設計師之一。梅爾負責的遊戲包括《文明帝國》（電腦版，非桌遊版，目前已有由電腦版衍生出之桌遊版本）、《海盜！》以及《蓋茨堡戰役》。

《Andrew Rollings and Ernest Adams on Game Design》（14）：本書於 2003 年由 New Riders 發行。這是一本內容紮實的工具書，包含了各式各樣的遊戲類型，也包含了一般性的遊戲設計原則。聲明：我協助撰寫了書中的線上遊戲章節，所以我偏愛本書。

凱蒂・賽倫（Katie Salen）與艾瑞克・西瑪曼（Eric Zimmerman）和《Rules of Play》（14）：《Rules of Play》是「遊戲是什麼」以及「遊戲如何運作」的重要書籍之一。 2003 年由 MIT Press 出版。兩位作者為身兼遊戲設計師身分的學者。

臉部辨識（16）：大腦中識別臉部的部分稱為梭狀臉區，此部分實際上是用於辨識特定類型的個體（相對於大腦其他辨識不同類型事物的部分而言）。當人們大腦的梭狀臉區受傷時，他們會無法辨識名人的相片，即使他們仍舊可以分辨出是男是女、金髮或黑髮、老或少。梭狀臉區需要訓練，大多數的人都善於辨識他人，可以認出人臉並且知道該人的情緒。透過 MRI 檢查，我們可以發現自閉症患者的梭狀臉區機能不佳。賞鳥者和汽車專家在識別特定鳥類或車款時，梭狀臉區會有非常活躍的反應。

填補空白，並且看不到鼻子（16）：某些有趣的實驗可以證明盲點存在，以及大腦如何填補已知數據，你可在 http://faculty.washington.edu/chudler/chvision.html 研讀這些實驗。許多有名的視覺幻象都來自於大腦企圖假設我們所看到的事物。

大腦⋯（18）：史蒂芬強森的著作《心思大開》（Scribner, 2004），是人類心智奧秘的絕佳探險之旅。

大猩猩（18）：這個哈佛大學的研究，原先被異想天開地稱為《Gorillas in our midst: sustained inattentional blindness（我們心中的大猩猩：持續性的不注意視盲）》，由 Simons 和 Chabris 完成。於 1999 年由 Perception 出版。

認知理論（18）：認知理論可分成數個不同的領域。認知心理學是此領域的傳統主流，也是最為抽象，最少涉及生物學的部分。認知神經科學是相對較新的領域，嘗

試連結資訊流與大腦運作方式之間的關係。認知神經科學較認知心理學為新，也是本書中大部分註釋的參考來源。

組塊（**18**）：根據喬治・A・米勒於 1958 年所發表之深具影響力的論文《神奇的數字：7±2》所言，我們的短期記憶力（可看做是心智工作時的「便條紙」）只能處理大概七組資訊。如果你讓短期記憶超過負荷，那就會忘掉某些事物。每組資訊都可能相當複雜，但我們有能力將其做成「組塊」，或說是把訊息濃縮成帶有單一易記標籤的集合體。這對於許多不同領域（如語言學、介面設計，以及遊戲）而言都有相當重要的意義。這能說明為何增加更多數字以保持遊戲路線時，會讓遊戲迅速地提高難度。典型的例子是要求你背誦看似混亂的數字和字母序列，而當這些序列與先前掌握的模式相關時，你會覺得這比較容易。你可在 http://www.youramazingbrain.org.uk/yourmemory/chunk01.htm 試試看。

自動組塊化模式（**22**）：認知科學使用許多不同術語來闡述這些相關的概念，包括組塊、例行公事、類別，以及心智模型。在本書中我使用的術語是「組塊」，因為在不同科學領域中，早已使用不同方式來運用這個字，一般人也能理解這個字。在專業術語中，我所提到的大型「組塊化模式」都被稱為基模（schemata）。

組塊與我們預期的運作方式不同（**22**）：當人們獲得訊息時，大腦會將這些資訊標記為「正確」，極少懷疑資訊來源的可信度。想確定資訊是否真的正確，必需有意識地思考收到的資訊。人們通常傾向在缺少完整資料的狀態下，將類似的事物自動地歸為同一類—如果某個人對於南瓜和籃球的瞭解都不夠，那他很可能認為這兩者是相同類型的物體。這會導致你在做派的時候，出現「莫名其妙」的驚喜。在記憶學中研究這類型問題的領域稱為「來源監控」。

黃金分割（**24**）：也稱為黃金平均、黃金比例，或是神聖比例。這個主題包含的範圍太大，無法在一條註釋中完整說明；有很多書都在討論此主題（如李維歐的《黃金比例：1.618... 世界上最美的數字》）。黃金比例是無理數，約為 1.618，稱為 φ。自古希臘時期，使用此比例的藝術作品皆被視為最美麗的作品。在某程度上，這種認知在我們大腦中根深蒂固，可能是因為許多自然現象都擁有這種比例，像是種子與花瓣環繞花莖的螺旋狀、捲曲的貝殼形狀，以及人體的某些部分比例。

靜態事物也有其模式（24）：此概念來自於演算法資訊理論。演算法是描述複雜訊息的絕佳方式。寫出 22/7 比寫出 3.1428571 快很多。當我們看到 3.1428571 時，只會覺得這是個混亂的訊息（看起來有點像 π，但也只是有點像）。可是當我們使用長除法的演算法時，就能用 22/7 這種簡潔的形式，表達出巨大且複雜的訊息。有時，看起來雜亂無章的資訊，實際上可能是高度井然有序的資訊，我們只是不知道如何形容而已。有三個人幾乎同時提出演算法資訊理論：安德雷·柯爾莫哥洛夫、雷蒙·所羅門諾夫，以及蔡汀（Gregory Chaitin）。他們皆分別獨立提出此理論。

《Three Chords And The Truth》（26）：這首歌用了音樂中最基本的和弦變化之一：從主和弦到下屬和弦到屬和弦然後再回來，通常寫作 I-IV-V。大部分的民謠音樂、藍調，以及古典搖滾中都能聽到這個模式一再不停地重複又重複。就算是基調不同也一樣不停地重複又重複。音樂理論認為某些和弦會自然地帶出其他和弦，因為和弦中的主音——第五和弦——『想要』轉到第一和弦，而這個『想要』是來自於第五和弦包含了比主音低一個半音的音符，如果結束在第五和弦的話，就會讓曲子聽起來呈現未完成狀態。這也是資訊理論的表現之一。有經驗的音樂人可以根據他們的經驗，直覺地猜出特定和弦會有什麼樣的和弦結構。

降五度音（26）：無論是大調或小調和弦都會使用完全五度音，這個音其實是兩種七個半音的音符（也就是在鋼琴鍵盤上與主音相隔七個黑鍵或白鍵的音）。降五度音，也稱為三全音，是非常刺耳的六個半音，與完全五度或完全四度音不同。在許多古典音樂中根本不允許使用被稱為「惡魔音程」的三全音。不過，這種音階在爵士樂中相當普遍。

Alternating bass（26）：貝斯（低音）穩定地在和弦主音及其完全上五度音交替出現的旋律。

心領神會與羅伯特·海萊因（28）：在該書中對於「Grok」這個字的定義是代表完全理解，從而使觀察者變成被觀察事物的一部分—在群體經驗中被合併、混合、通婚、失去個體特性。這代表了所有我們根據宗教、哲學，或是科學所發展而來的事物，對我們幾乎都沒什麼意義（因為所有的一切都存在於地球上），就像色彩對於盲人沒有意義一樣。但在火星上，說不定這個字代表「喝」。

大腦活動的三種層面（28）：2000 年由 Ecco 出版的柯雷克斯頓之《兔腦龜心》，精彩地說明了此理論。他闡述依靠下意識而非有意識（或稱為 D 模式大腦）來解決問題，反而會能獲得更好的結果。

近似現實（28）：我們隨時隨地都在使用「近似」的概念處理事物，這可能是我們唯一擁有的真實。色彩究竟是色相？還是電磁輻射呢？我所能舉出的最佳範例，大概就是「重量」。物理學家說質量才是正確的概念，但我們每天都在使用重量來說明週遭事物。另一個例子：熱水是由高度活躍的分子所組成，但即使在熱水中也有某些不太活躍的分子（也就是較冷的水），我們在說明水的溫度時，並不會考慮到所有水分子的不同活躍程度，而是考慮其整體平均狀態，並且以「溫度」這個詞來說明。我們為了方便說明事物而發明了這個詞，因為我們與水分子相較之下的差異實在太大。路德維希·波茲曼把「溫度」與「活躍的單個分子」之間的差異性稱為宏觀與微觀之間的不同，這些都是現實狀態的運算法表現。無論溫度或活躍的分子，所有的一切都是現實世界的模型，但在某種程度上，我們會比較容易理解抽象的表示法。

手指碰到火苗（30）：以此範例來說，反射動作的反應時間需要 250 毫秒，但有意識地讓手指離開火苗需要 500 毫秒。

橄欖球員與本能反應（30）：在《Sources of Power: How People Make Decisions》這本書中，蓋瑞·克萊恩說明了最複雜的決定是如何根據問題進入思維時的最初刺激而來，而不是我們所想的經過有意識地思考而決定。奇怪的是，最初的刺激反應往往都是正確的反應。如果第一反應是錯誤的反應，那我們往往會遭受到極大的災難。這個橄欖球員的笑話很好笑，因為這真實地描繪出我們的大腦在辨識事物的運作方式。

深化知識（32）：這也是資訊理論的表現之一。 1948 年，克勞德·夏農發展出了資訊理論的基礎，建立了將資訊流看做是概率事件鏈的概念。假設我們有一組有限的符號（例如：英文字母）。當你看到序列中的某個符號時（如：Q）你就能縮小下一個符號出現的可能性（在此範例中，下個符號就是 U），因為你已經很瞭解這

個 Q 和 U 存在其中的符號系統了。你不太可能會選擇 K，但你可能會為了 Q.E.D. 而想到 E，或是為了 Qatar 而想到 A。音樂是高度秩序化及受到相當大限制的形式化系統，所以在你發展出「音樂詞彙」後，就可以針對整個問題領域發展出相關概念，就算符號表中有某些詞彙對你來說很新奇（像是曼陀林中的顫音），你也可以較為輕鬆地進入新領域。

練習（**32**）：艾倫・圖靈，也被稱為現代電腦之父，同時也建立了著名的「圖靈停機問題」。我們知道能夠讓電腦處理難以置信的困難問題，但是，我們不知道電腦需要多少時間才能給出答案，這完全無法預測。因為邱奇——圖靈論題已經簡單地說明了：你可以計算任何已計算過的問題，但我們尚未計算過的問題，是個未知的領域，只有經驗可以告訴我們某個問題的範疇為何。簡單來說，我們只能從做中學。

心智練習（**32**）：這也被稱為心像（Mental Imagery），常用於運動訓練。 1992 年，安・艾薩克的研究顯示心像可以幫助運動員增強技能。其他研究也發現，鉅細靡遺的心像，可以觸發自主神經系統反應。但重要的是：實際練習仍舊會比單純想像自己正在做某件事來的有用。心像必須非常非常地詳細，並且針對非常特定的事物才能發揮作用。上個世紀中，最有名的心像範例出現在電影《戰地琴人》中，安德林・布洛迪飾演的華迪史洛・史匹曼為了避免被納粹發現，而將手指懸在空中彈鋼琴。

第三章：

我們對現實的看法基本上是某種抽象概念（**34**） ： Lettvin、 Maturana、 McCulloch，以及 Pitts 曾經共同撰寫過一篇非常重要的論文《What the Frog's Eye Tells the Frog's Brain》，在這篇論文中，說明了大腦所接收到的眼睛輸出資訊（即大腦所見）與眼睛所看到的事物毫不相同。大腦需要經過大量的轉換程序後，才能把外界傳進的光與影轉化成大腦可識別的事物。事實上，我們看不到這個世界，我們看到的一切，都是大腦告訴我們「我們所看到的一切」。這與唯物論之間還是有點距離。

此地圖並非領土（**36**）：這句話來自於普通語義學之父阿爾佛雷德・科齊布司基「地圖並不是展現出來的領土，就算是，也只是因為地圖與領土的結構相似，這就是其有用之處。」

使用書籍排列模式運作（36）：這個說法其實不是那麼有力。有些文學作品會故意使用這種方式書寫。所有超文本的文學作品都可當成範例（舉墨梭的《勝利花園》是個不錯的切入點）。還有其他作品，像是胡利奧・科塔薩爾的《跳房子（Rayuela）》，就企圖讓讀者以不同順序來閱讀。當然，被稱為「互動式幻想」或「文字冒險」的遊戲類型，也可視為此類書籍的電腦版本。

套了太多層的句子（38）：在上述喬治・A・米勒著作的《第二章：7±2》之「組塊」篇末，可見到此類範例。為了要瞭解層層疊套的句子，就必須要先瞭解每個單字都是字母組塊物。本書中的句子來自於珍・羅賓森於 1974 年的論文《Performance Grammars》（http://www.sri.com/sites/default/files/uploads/publications/pdf/1384.pdf）。

豐富解譯性（38）：這不僅僅是我對於人類覺得遊戲模式類型有吸引力的闡述，也是 Biederman & Vessel 在其對於腦內啡與大腦愉悅反應研究中的用語。對於是否適用於遊戲的相關討論，可參照克雷格的部落格 http://blog.ihobo.com/2012/05/implicit-game-aesthetics-4-cookschemistry.html。

規則的侷限性（38）：這是專屬於遊戲的戈德爾不完備定理的說法。戈德爾在其 1931 年的論文《On formally undecidable propositions of Principia. Mathematica and related systems》中，證明了總會有某些命題位於指定的形式化系統邊界之外。沒有任何一個形式化系統能夠完整地自我表述。「魔術循環」基本上是保護模型完整性的嘗試方法，這跟希爾伯特將數學看做是完整定義系統的嘗試觀點相同。真正長壽的嚴格定義之遊戲，往往是真正呈現困難數學問題的遊戲於 —— 也就是 NP 困難完全的遊戲。如需了解更多相關資訊，可參考我在 2009 年於 GDCO 上發表的簡報《遊戲就是數學》：http://www.raphkoster.com/2009/09/22/gdca-games-aremath-slides-posted/。

腦內啡（40）：「腦內啡」是「腦內嗎啡」的簡稱。當我說快樂就是吸毒時，我並不是在開玩笑！腦內啡是一種麻醉劑。「在背後流竄的快感」通常就是腦內啡釋放至脊髓中所造成的狀態。快樂不是唯一會引起此種感受的方法，因恐懼而引起的腎上腺素釋放也會產生類似的感受。

會心一笑（40）：有證據顯示微笑能讓我們開心，而這種開心是別的方法無法達成的目標。如想瞭解更多關於「閱讀情感」的資訊，我推薦保羅・艾克曼的著作。

學習就是興奮劑（40）：「有趣是學習的情感性反應」 ── 克里斯・克勞佛（2004年三月）。另外，Biederman 和 Vessel 的研究也說明好奇心的本質就是快樂。

感官超載（42）：有意識的心智在接收外界資訊時的速度，每秒僅 16 位元左右。我們可將感官超載當成資訊量與實際理解量之間的差異。你可以接收一大堆的訊息，但可能僅理解少量的意義，這就像是讀一本猴子寫的書一樣。當資訊量過高，而我們無法從中抓出意義時，即為感官超載。

錫拉（Scylla）和卡力布狄斯（Charybdis）（42）：在希臘神話中，這兩個怪物對坐在狹窄的海峽兩側。想要通過的水手們，不可避免地得選擇其中一種災難。

RBI（44）：棒球中的「打點」。這個數據追蹤每位打者在每個打席中，讓跑者（壘上跑者或包含打者本身）回到本壘所得到的分數，但不包含守備失誤或雙殺打的得分。

有趣，就是學習的另一種念法（46）：遊戲理論學家布萊恩・蘇頓史密斯（Brian Sutton-Smith）將此稱為「遊戲修辭學」之一。他在自己的《Ambiguity of Play》書中，定出了多個規則，包括：用機率遊戲決定你的命運、用遊戲決定國家的命運。我傾向將這些修辭學當成他用來辨識不同學習和練習來源的方法，而其平衡點（就像我方才提到的兩個範例），比較像是遊戲的替代用途。最近，設計師 Craig Perko 寫了一系列的文章來說明「玩遊戲的美學」，這再次確定了學習與精通只是遊戲結構中兩種可能的價值。許多遊戲學者（賽倫、西瑪曼，以及博格斯特）早已指出，「玩遊戲」在德希達的觀點中，可以代表「行動」或是「自由」。在我對「有趣」的定義中，我們的「學習」，基本上對應了行動的空間。

第四章：

遊戲設計的大學課程（48）：如要深入探索，我強烈地建議你瀏覽國際遊戲開發者協會及其學術推廣網頁：www.igda.org/academia/。

皮納克爾（48）：一種牌類遊戲。玩起來與標準 52 張牌的紙牌遊戲或橋牌略有不同。分數根據玩家手中紙牌的特殊組合而來（稱為得分牌），此遊戲與一般紙牌遊戲類似，但你必須叫王牌（將某種花色的牌設定為比其他花色更大的牌），這又有點像是橋牌。

哥多林前書（48）：引自哥多林前書 13:11。以下這段話出自欽定版聖經：

> 我作孩子的時候，話語像孩子，心思像孩子，意念像孩子。
> 既成了人，就把孩子的事丟棄了。
> 我們如今彷彿對著鏡子觀看，模糊不清；
> 到那時，就要面對面了。
> 我如今所知道的有限；到那時就全知道，如同主知道我一樣。
> 如今常存的有信，有望，有愛；
> 這三樣，其中最大的是愛。

遊戲化（50）：你可在瑪格麗特·羅賓森的部落格（http://bit.ly/cant-playwont-play）《pointsification》和伊恩·博格斯特的評論《Gamification is Bullshit》（發表於 The Atlantic（http://bit.ly/gamification-bogost-atlantic））中，看到對此作法強而有力的批評。

非形式規則集的遊戲（52）：許多理論家已建立出一張頻譜，一端是「遊戲」，另一端是「玩」。兒童心理學家貝托海姆（Bruno Bettelheim）將遊戲定義為下列幾個類型：扮演（單獨或合作）、共同說故事、社群建構，以及玩玩具。他認為遊戲就是以團隊或個人為基礎，與他人或自我設定的極限目標競爭的活動。當然，如果沒有明確訂定規則的話，共同說故事或社群建構就會以具體的方式進行。我想說的是：

那些我們看做是「玩玩而已」或「非正式」的遊戲，或許比遊戲的傳統定義包含了更多規則。

階級鮮明，高度部落化的靈長類動物（52）：若想一窺絕妙的人類社會部落及獸性本質之觀點，我強烈建議閱讀賈德·戴蒙的著作，尤其是《第三種猩猩：人類的身世及未來》，以及《槍炮、病菌與鋼鐵：人類社會的命運》。

審視週遭的空間（54）：許多遊戲都可視為是圖論中的問題。在圖論中，聲稱遊戲都是關於「頂點」問題的人，其實都沒說錯。這些人看待空間的方式，基本上都已經「升級」了；他們充分地訓練了自己對於領土問題的思考方式，所以能夠將任何領土遊戲轉化為抽象的圖形，並且洞悉其中的模式。我呢，被自己的感官限制住了，所以無法看到他們眼中的問題本質。

笛卡兒坐標空間（54）：這是笛卡兒發展出的經典方法，使用兩條正交軸線定義的網格來定位出二維空間中的某個點。這是大部分代數（以及大多數電腦圖形）的基礎。笛卡兒坐標空間通常是我們對於空間「形狀」的預設狀態，但在圖論中還有很多可能的空間樣貌。

有向圖（54）：在有向圖中，點或節點以線連接（以數學術語而言，就是用邊連接頂點），但這些線都有各自的方向。想想經典兒童桌遊「溜滑梯與梯子」；板上的溜滑梯與梯子會被有方向性的線條連結，你在溜滑梯上只有單一移動方向。這是不使用笛卡兒坐標空間的遊戲；兩點之間的最短距離與板面上的物理距離無關，但與抵達某一點所需之移動次數有關。所有看起來像「軌道」的遊戲（如大富翁）都是有向圖遊戲。

網球場可以同時成為上述兩者（54）：網球場被網子分為兩個獨立的空間，所以可用任何一種方式來觀察。如果我們使用節點繪製網球場，我們可以說這是由四個節點所組成的空間：球場的兩半，以及兩端的出界區域。遊戲則是讓球在你的節點至對側的出界區域間遊走。但是，這當然也是傳統座標空間的遊戲。玩家在節點內的位置，實際上就是戰略位置。

相互組合物件的遊戲（54）：這類遊戲中我最喜歡《俄羅斯方塊》、《格格不入》，以及《立體方塊競技場》。

在概念上結合物件的遊戲（54）：撲克牌應該是最典型的範例，不過也有其他屬於此概念的卡牌遊戲，此外，像《卡卡頌》這類的鋪磚遊戲也屬於此類。

分級分類的遊戲（54）：如《Uno》或《釣魚趣！》等卡牌遊戲，甚至記憶遊戲等需要將事物分類成組的遊戲都屬於此類。

只能玩一個回合的遊戲（56）：需要決策工具時，我們可能會想到「剪刀、石頭、布」（「來猜拳看誰要付帳。」），或是數學遊戲 Nomic（http://en.wikipedia.org/wiki/Nomic）、或是來自英國，模仿莫寧頓新月的「非遊戲」（http://bit.ly/wiki-mornington）。

你沒學到教訓（機率遊戲）（56）：有些人會笑說賭博就是「向不懂數學的人收稅金」。機率可能是人類心智最難以掌握的領域。有個經典的範例就是不停地丟硬幣──這只有兩種可能，人頭或字。如果你連續丟出七次人頭，那下一次丟出字的機率是多少呢？答案仍舊是 50%，無論你怎麼問這個問題，結果都一樣。如果你問：「連續丟八次都是人頭的機率是多少呢？」答案就大不相同了（2 的 8 次方分之 1）。在這個弱點上動手腳，就是商人或騙子使用的經典手法。不幸的是，這種內含的無法正確評估概率的狀態，會讓我們的大腦認為「擁有豐富的可解譯性」，就算從長遠角度來看，你可以理性地瞭解莊家絕對會獲勝，但大腦仍會對賭博這件事產生正面回饋。

21 點算牌（56）：算牌是透過大致的統計分析，來算出下一張牌會獲得點數的機率。因為遊戲會在已知架構中的有限範圍內進行，所以算牌是可能的獲勝方式。你可在 http://en.wikipedia.org/wiki/Card_counting 中深入瞭解算牌的方法。

多米諾骨牌（56）：因為多米諾骨牌只有在打出「對子」（在單張牌的兩個方塊中都是相同點數）時才能分叉，你可以計算某個特定數字已經被玩家出了多少次，就能大致上知道玩家手上還有哪些牌。如此一來，你可以判斷出下次是否能打出某張特定的牌。假設其他玩家都用最理想的方式打出自己手中最高數值的牌，你就能根據他們的出牌選擇，判斷他們手中剩下的牌。

追求身份地位的女孩（58）：你可在蘿瑟琳・魏斯曼所著之《Queen Bees and Wannabes: Helping Your Daughter Survive Cliques, Gossip, Boyfriends, and Other Realities of Adolescence》（後改編為電影《辣妹過招》）一書中看到這個世界的樣貌。

射擊遊戲（58）：經典電動遊戲類型，你在遊戲中向目標射擊以獲得分數。通常可分為第一人稱視角射擊遊戲和 2D 射擊遊戲。

格鬥遊戲（58）：特殊的電動遊戲類型，玩家控制遊戲中的武打人物。通常這種遊戲需使用特定的按鍵組合發動特殊的踢打、閃躲，或轉移攻擊的招式。這些遊戲通常是一對一的決鬥。

《絕對武力》（58）：以團隊合作為基礎的第一人稱視角射擊遊戲，玩家可選擇要在哪一隊中效力：恐怖份子或反恐部隊。每隊的目標稍有不同，同時，遊戲有時間限制。為了成功，需要有非常好的團隊協調能力。絕對武力是目前全球最風行的線上遊戲，其地位數年不墜。

使用虛擬假槍訓練（58）：某些職業的訓練與其生死息息相關，在這類型的職業訓練中，會盡可能地符合實際情況。用滑鼠或在螢幕上點來點去，並不能讓受訓人員感受到使用槍支的後座力、重量、大小，或是人類在不同地點被擊中後的反應。這同樣適用於操作各式載具，像是坦克車或飛機。介面的影響極大無比。

配給物資的遊戲（60）：此特定遊戲稱為《Ration Board Game》，由 Jay-line Mfg. Co. Inc., 於 1943 年推出。 BoardGameGeek 網站有此遊戲的入口 http://boardgamegeek.com/boardgame/27313/ration-board。

西洋棋和皇后（62）：西洋棋可能源於 1400 年前的印度。在西洋棋中，機動性最高的應該就是皇后了。皇后可以在棋盤上任意移動至想要的位置，無論是水平、垂直，或斜向均可。皇后在 15 世紀才開始擁有這種機動性，某些人認為這應該是因為在歐洲政體中，女王逐漸成為國家首腦的結果。

非洲棋（62）：這個遊戲家族有很多不同的名字，包括寶石棋、西非播棋、瓦里…等等。這些遊戲都需要在棋盤上的格子中移動種子或鵝卵石。西非播棋是此種遊戲的變體之一，在此非洲人愛玩的變體中，你不能讓對手失去所有的種子。西非播棋（Oware）的非洲字面意思是「他 / 她結婚」。

現代的農耕遊戲（62）：現在有很多這類型的遊戲，包括歐洲的《農家樂》、社交遊戲的《農場鄉村》，以及卡牌遊戲《種豆》。不過，這些遊戲中沒有任何一個像非洲棋一樣以相同的社會行為編寫遊戲。

《強權外交》（64）：經典的人際關係策略桌遊。《強權外交》需要玩家與其他人相處周旋，遊戲中的一切與現實世界極為相似。

角色扮演（64）：一般來說，角色扮演遊戲是指玩家扮演不同身份的遊戲。傳統的紙筆角色扮演遊戲就像是特殊的合作表演，電腦版本則更加強調人物定義的數據增加性。在角色扮演遊戲中，你控制的角色通常會隨著時間越來越強。

噁心（66）：你可在 www.bbc.co.uk/science/humanbody/mind/surveys/disgust/，快速測試自己對各種不同事物感受到的噁心程度。這個測驗屬於倫敦衛生與熱帶醫學院的 Val Curtis 博士之研究的一部分。

由大人物領導的群體（68）：如想瞭解更多人類心智在面對說服時的弱點，我推薦羅伯特・席爾迪尼所著之《影響力：讓人乖乖聽話的說服術》。

討厭不屬於自我部族的團體（68）：在社會學與心理學的歷史上，有許多研究都證明了這一點，其中最令人不寒而慄的實驗，或許就是史丹佛監獄實驗。

「灑鹽」（68）：沒有任何歷史證據能夠證明迦太基城真的發生過此事，但可能在西臺人與亞述人的儀典中發生過。與今日相較之下，這些古文明中的人並非經常遷徙，破壞農地其實相當不智。歷史上的分分合合，其實就代表著「今天的敵人將會是明天的盟友」。

盲從（68）：在遊戲中，此種張力是名為《The Mechanic is the Message》的超強系列遊戲之作的中心，此款遊戲由布蘭達・羅米洛所設計。同樣由羅米洛設計的桌遊《Train》（http://romero.com/analog/）則是與玩家盲目執行可怕行為（或設法顛覆系統）有關。（譯註：台灣有網站詳細地說明了這兩款遊戲，可查詢「黑奴、侵略與大屠殺：Brenda Romero 的《新世界》創作挑戰」）

跳躍遊戲（70）：遊戲中經常會遇到的挑戰，跳躍遊戲必需在精確的時機進行一連串的跳躍。通常會被說成是設計師沒有想像力的產物。

基於方格（tile-based）（70）：這是電腦圖形術語，基於繪製其上有影像的離散方格或片段而來。一般來說，遊戲中的任何事物都不可跨越兩個方格之間的邊線。

拓樸學（70）：更具體地說，這個幾何學的分支研究當你「壓扁」某物時不會改變的形狀特性。從理論上來說，如果你可以用任意方式壓扁一個立方體，那你就可以將其塑造為球體。但是，如果你要把立方體變成甜甜圈，你就必須在上面打洞。不過，甜甜圈又可以輕易地變成有柄茶壺，因為甜甜圈的洞會變成握把。這稱為「連續變形」，我們將壓扁後就能互換的形狀稱為「同胚」。通常我們會發現不同的遊戲設計中，或多或少會出現同胚狀態：相較於立方體和甜甜圈之間的差異，這些遊戲之間的差異與立方體和球體之間的差異還更加相似。

平台遊戲（70）：任何一種需要嘗試穿越整個地圖去收集物件，或是走遍整張地圖的棋盤遊戲，都可稱為平台遊戲。平台遊戲最初的特色是將平台做為遊戲的基礎設定，從而得此名稱。

《青蛙過河》（70）：簡單的空間遍遊遊戲，玩家控制青蛙，嘗試穿過繁忙的道路或一條河，到達對岸五個安全地點之一。道路與河皆呈現出相同的障礙，但聰明的美術設計讓這兩者看起來像是不同的遊玩體驗。

《大金剛》（70）：最早期的街機平台遊戲之一。在這個遊戲中，玩家需要控制瑪利歐這位想拯救女友的水管工人，因為他的女友被大猩猩綁架了。你必須走過傾斜的平台、跳過滾動的水桶，才能爬到最頂端。

《袋鼠》（70）：另一個早期的街機平台遊戲。在這個遊戲中，玩家控制袋鼠媽媽，前往拯救自己的寶寶。在你試圖爬上頂端時，兩邊的猴子會對著你丟蘋果。

《糊塗礦工（Miner 2049er）》（70）：早期的平台遊戲之一，可在 8 位元電腦系統上執行。從拓樸學的角度來看，這個遊戲與《小精靈》非常相似。玩家要控制一個礦工，而這位礦工必須走遍地圖上的每個點，當你走過某個點之後，顏色會改變，讓你知道自己已經走過此處了。

《Q 波特（Q'Bert）》（70）：另一個地圖遍遊遊戲，這個遊戲發生在一個三角形的鑽石空間中，而不是傳統的笛卡兒座標空間。這個遊戲也包含了某些有向圖的特色要素，你可以跳上漂浮在地圖旁的小圓盤，抵達三角型的頂點。同樣地，這個遊戲需要你造訪圖形中的每個節點，並且不能在過程中碰到敵人。

《挖金礦（Lode Runner）》及《Apple Panic》（70）：在 8 位元電腦上運作的複雜平台遊戲，你必須收集畫面中的所有寶物，並且不可被敵人抓到。這與其他平台遊戲不同之處，在於你可以使用道具暫時性地移除樓層，從而真正地改變地圖。敵人可能會摔下樓，或是在逃脫之前被復原的樓板困住，這樣一來，這些敵人就會從遊戲中消失。通常，你要收集的寶物都會出現在地下數層樓的深處，你必須冒著死亡的風險，使用道具打出一條通道。最後一關非常非常地困難。

有限制的 3D（70）：使用 3D 的表現手法，卻不讓玩家在環境中自由移動的遊戲。

真正的 3D（70）：除了使用 3D 的表現手法，同時也使用 3D 空間，讓玩家可自由移動的遊戲。

寶物（72）：術語，代表在遊戲關卡中星散四處的隱藏物件。許多遊戲都會把收集所有寶物做為附加的成功條件，藉此獎勵深入探索。

撿取（72）：遊戲的通用術語，當玩家收集到寶物時可以獲得新能力。早期的經典例子包括小精靈中的大型點點，能讓玩家回頭反咬正在追逐自己的鬼魂；另一個則是大金剛中的槌子，可讓玩家破壞滾下來的桶子。

無論如何，油價都會上漲（72）：這個遊戲以不同形式出現，最著名的就是「全球石油危機」，這是個相當嚴肅的遊戲，希望玩家們能共同合作以闡述全球性石油危機。請參閱 http://worldwithoutoil.org/。

跳躍時間（74）：班・考森曾經在《Develop Magazine》（2002 年八月）寫過一篇文章驗證此事。作者發現，大眾廣泛喜愛的遊戲及熱門遊戲，每個關卡的時間長度約為 1 分 10 秒，人物跳躍至空中後的停留時間大概是 0.7 秒，而成功執行三個連續招式的時間總長約為 2 秒。他認為這些都該被當成是好遊戲的常數。

時間攻擊（74）：這是許多遊戲中常用的戰術，平台遊戲特別愛用，這個策略要求玩家執行以前曾經做過的事，但遊戲給與的時間會越來越少。

雅達利 2600 （74）：這是主機產業首次的巨大成功，雅達利 2600 的風行期為民國 66 年至民國 73 年。

《雷射砲》（74）：大衛・克雷恩（David Crane）設計的遊戲，由 Activision 公司出品。這個簡單的射擊遊戲特色是帶有一門砲的飛碟。玩家可以朝下方五個角度之一任意射擊。每個畫面的螢幕下方都會有三台坦克車。按下按鍵之後就會瞬間射擊，所以必須調整好角度，並且在坦克開砲前先下手為強。

量子化（76）：量子化就是在數據中連續擷取數值，並且強迫這些數值符合模式；舉例來說，將擁有無限多灰階等級的圖片轉成 256 色的灰階圖片，或是將不合拍的音樂強制轉為在數學上可完美合拍的旋律。

五種格鬥遊戲（76）：我知道這個說法爭議性很大，我知道！不過我還是會分類如下：

- 剪刀石頭布：在這種遊戲中玩家不用實際移動，可以有三個動作，每次攻擊都是一擊必殺。

- 早期的格鬥遊戲，如 Epyx 出品的《Karate Champ》。這種遊戲能讓玩家彼此接近／退開。

- 格鬥遊戲家族分支，玩家在與一系列敵人對戰之際，也會環遊世界。《決戰富士山》與其他某些格鬥遊戲屬於此類。

- 雖然技術上已可使用 3D 圖形，但早期的 3D 格鬥遊戲如《VR 快打》仍將玩家鎖在彼此相互面對的軸線上。直到《鬥神傳》出現，我們才看到真正打破戰鬥軸線的畫面；這是我記憶中第一個在遊戲結束時，你可以面朝任意角度，而非僅能背離對手的遊戲。

- 第一個真正的自由 3D 格鬥遊戲是《妖刀傳》；以機制角度而言，從那之後都沒有新型態的遊戲了。

連擊（76）：許多遊戲會在玩家正確地執行一系列行動時給予獎勵。通常會給玩家某些額外獎賞，像是攻擊時增加傷害點數。

清版射擊遊戲（78）：原文為 Shump，是「把他們殺光光（shoot 'em up）」的俚語。這個詞通常是指某種特定類型的射擊遊戲，這類型的射擊遊戲會受到 2D 圖形的限制。

《太空侵略者（Space Invaders）》（78）：最早的清版射擊遊戲，由 Taito 公司發行。特色是在螢幕畫面下方移動的坦克車，雖然有一些屏障可以閃避，但隨著戰鬥進行，這些屏障也會慢慢地被打掉。螢幕上方會有一群外星敵人向下進攻，當你清除了離自己最近的敵人後，它們向下行進的速度就會開始增快，並且越來越快。

《小蜜蜂（Galaxian）》（78）：太空侵略者的加強版。某些外星人會脫離隊伍朝著玩家丟炸彈，而非僅是編列整齊向下移動。

《太空射擊戰（Gyruss）》（78）：小蜜蜂的副產品，戰場變成了圓形。玩家在外圍移動，敵人則從中心以螺旋狀隊形出現。

《暴風雨（Tempest）》（78）：雅達利公司出品的街機遊戲，玩家在各種不同形狀的戰場邊緣移動，有效地改變了標準射擊遊戲中的戰場視角。有些戰場從拓樸學角度而言是圓形，有些則是線型。

《大蜜蜂（Galaga）》（78）：小蜜蜂的系列作，帶入了許多關鍵概念，如：額外獎勵關卡和能量提升物件（你可以讓自己的飛船被捉後再逃脫，這樣就會得到雙倍火力）。

《太空蜜蜂（Gorf）》（78）：一款異想天開的街機射擊遊戲，特色是在不同關卡會遇到不同敵人，最終大魔王是母艦。

《脫逃戰（Zaxxon）》（78）：在這之前，我們並非沒聽過等距捲軸射擊遊戲，但那些遊戲通常都只是增加趣味度的視覺騙術，實際上玩家仍舊是在 2D 體驗中打滾。脫逃戰不同，可以垂直移動，並且會在不同高度遇上不同的障礙和目標。此遊戲的視角讓飛船編隊顯得相當困難。最令人驚訝的是以當時技術而言，此遊戲的圖形讓人驚艷。很少有其他遊戲使用此種風格，最著名的大概就是《Blue Max》及其系列作。《Blue Max》的時間設定為第一次世界大戰，玩家可以炸毀目標。

《蜈蚣（Centipede）》（78）：有史以來最迷人的清版遊戲之一，蜈蚣之所以著名，是因其妥善地延伸了早年遊戲中的關鍵概念。這個遊戲允許玩家在畫面底部的限制區塊內進行全平面活動、允許敵人出現在玩家背後。遊戲中使用了和太空侵略者一樣的障礙物，不同的是這些障礙物以蘑菇的樣貌出現，並且遍佈在整個畫面上。遊戲中有很多種敵人，某些會慢慢地朝著畫面下方前進，某些則是像轟炸機一樣投擲炸彈。最後，控制機制使用了軌跡球，這能讓玩家行動的速度加快，而非只以線性移動速度玩遊戲，此概念也被使用搖桿控制的射擊遊戲採用。

《爆破彗星（Asteroids）》（78）：在環形戰場中進行的射擊遊戲。當然，玩家不會看到整個環型面，玩家只會看到有小行星飄流其上的黑色畫面。畫面頂端和底部以及左側和右側都被包起來了。每次當你射中一顆小行星，小行星就會碎裂成較小的碎片。只有小碎片會從遊戲中消失。此遊戲運用慣性物理學的合理 2D 模擬來讓玩家控制飛船。大多數的玩家會選擇不要移動至太遠的距離，因為飛船在慣性物理學的模擬狀態中難以控制。

《機器人大戰（Robotron）》（78）：這是在遊戲的戰國時代中，由 Williams 開發的數款經典遊戲之一。在機器人大戰中，玩家必須使用兩組位在同一手把上的搖桿；其一移動，其二用以向八個方向射擊。戰場是簡單的矩形，內有你要攻擊的機器敵人和你要拯救的人類。若機器人碰到人類，則人類死亡。拯救人類可以獲得額外的點數，但過關條件是要殺死所有機器人。

《守護者（Defender）》（78）：另一個 Williams 出品的救援遊戲。守護者加重了保護人類的重要性。戰場為長帶狀，玩家可在整條帶狀表面上自由移動。在帶狀戰場底端是你要保護的人類，而頂端會出現各式各樣的外星人。有些外星人會直接攻擊你，有些會鎖定人類，並且將人類帶到畫面頂端。一旦外星人以此種方式捕捉人類之後，這些人就會變成獵殺你的極端危險物種。守護者也以其高難度的控制介面聞名。

《救援直升機（Choplifter）》（78）：8 位元電腦遊戲，由 Broderbund 開發。在救援直升機中，玩家扮演的是直升機飛行員，戰場則是朝向兩端開展的長型戰場。敵人的隊伍會從戰場的一端前進至另一端。在敵人的路徑上都是塞滿人的大樓，而你必須前往救援這些人，並且回到你在另一端的基地。雖然你可以想辦法射擊敵人，但你的分數主要來自於成功救援的人數，而非你破壞的敵人人數。

最終大魔王（78）：用來形容比先前所遇敵人更大更厲害的敵人，通常會被放在一系列關卡的最後。

《俄羅斯方塊（Tetris）》（78）：阿列克謝・帕基特諾夫設計的抽象拼圖遊戲。在一個高度較寬度大的格子內進行。特色是螢幕頂端會落下一個個由四塊小正方型組成的物體，玩家必須在物體碰底之前，移動及旋轉這些物體，使它們能夠拼在一起。如果這些物體堆到頂端的話，遊戲就結束了。只要拼起來的物體可以填滿某一水平列，則該列就會消失，上方落下來的物體會持續地填補遊戲空間。

六角形（78）：組成六角型的俄羅斯方塊變體，很自然地被稱為《六角方塊》。不過，這個遊戲並沒有使用六角形的物件，所以也不像俄羅斯方塊一樣具有雙關語的名稱內涵。

3D 俄羅斯方塊（78）：《俄羅斯方塊》有許多變體，阿列克謝・帕基特諾夫自己就設計了《Welltris》，這個遊戲實際上是在一個十字型空間中，進行四個獨立的俄羅斯方塊遊戲（所有物體都會從井邊滑下）。後來還有真正的 3D 遊戲變體，但實在太難了，所以沒有什麼人氣。

基於時間的益智遊戲（78）：在本書初次面市之後，時間操控已然成為遊戲設計中更常見的元素了。

第五章：

立我為王（King Me）（80）：下西洋跳棋時，如果玩家將某顆棋子移動到棋盤的最後一排，就可以說這句話。西洋跳棋中包含了有趣的政治隱喻。遊戲規則是：一般小兵只能向前移動，但是王可以自由移動，甚至向後退。同時，這遊戲也假設了所有士兵都能成王。

抽象遊戲（80）：在玩家社群中，對於遊戲是否應該披上虛構之外衣的問題爆發了一場信仰之戰。有許多遊戲被稱為抽象策略遊戲，因為這些遊戲的背景故事或美術設計並沒有增強遊戲本身的整體意象。

《死亡飛車（Deathrace）》（82）：這是第一個由電影改編而成的遊戲。

《亡命賽車 2000》（82）：1975 年發行的電影，由大衛卡拉定和席維斯史特龍主演。這部電影主要講述未來的越野賽車，只要在比賽中輾過路邊的人就可以得分。有些瘋狂粉絲為了要讓自己心愛的車手獲勝，會讓自己無條件地被車子輾過。

媒體對暴力行為的影響（82）：學術界正在為此爭論不休。大多數的證據只能表明遊戲造成的攻擊性行為只會維持幾分鐘，很難造成心理上的控制性。其他人認為，探索替代性暴力是很自然的一件事，甚至可說是人類發展不可或缺的部分。如想了解這種觀點，可以試試 Gerard Jones 的《Killing Monsters: Why Children Need Fantasy》、《Super Heroes》，以及《Make-Believe Violence》，由 Basic Books 於 2003 年出版。此外，美國家庭醫師學會認為電動遊戲與暴力行為之間的連結證據不足，可以參考 www.aafp.org/afp/20020401/tips/1.html。還有些研究顯示觀看暴力影片，或許能確實地減少現實生活中的暴力活動，請參閱 http://www.international.ucla.edu/cms/files/dahl_dellaviga.pdf。

滾比亞（84）：一種 4/4 拍的哥倫比亞民族舞蹈，擁有與眾不同的「心跳」律動。這種舞曲已在全世界風行數年，並且成為我們最常聽到的拉丁音樂。

校園槍擊案（82）：有好幾起校園槍擊案被認為是受到電動遊戲的影響。還有某些案件中的罪犯宣稱自己從電動中得到犯罪行動的靈感。遊戲產業的立場是：遊戲是藝術形式之一，應該要受到憲法第一修正案的保護，讓孩子們遠離暴力媒體的職責應歸於父母。此外，有某些數據顯示電動遊戲不會顯著地影響暴力犯罪的數量。舉例來說：當電動遊戲熱門普及之時，暴力犯罪的案件數量呈現戲劇性地下滑。如果硬要說個因果關係的話，或許只能說這兩者有先後的連動。

謀殺模擬器（82）：就「媒體和電動遊戲導致暴力行為」的這個觀點來說，最直言不諱的鼓吹者是美國陸軍中校格羅斯曼（Lt. Col. Dave Grossman），他也是《Stop Teaching Our Kids to Kill: A Call to Action Against TV, Movie and Video Game Violence》的作者，該書由 Crown Books 於 1999 年出版。謀殺模擬器即為他所創造的詞彙。

馬利內勒（84）：一種秘魯的民族舞蹈，有著鮮明的節拍，是高度戲劇化的求偶舞。

直接把故事放在眼前的遊戲（86）：以下是此類遊戲的絕佳範例：Emily Short 的《Galatea》，還有 Adam Cadre 的《Photopia》。

由真正作家撰寫的遊戲故事（86）：在這個主題上有兩本好書值得一讀：Lee Sheldon 的《Character Development and Storytelling for Games》（Cengage, 2004），以及 David Freeman 的《Creating Emotions in Games》（New Riders, 2003）。此外，在本書重撰於 2013 之際，我們也看到了許多說故事遊戲興起，在這些遊戲中，敘事元素被當成遊戲系統內的標記。這些遊戲包含了許多此類遊戲的最新發展元素，如「互動式小說」，較為知名的範例有 Jason Rohrer 的《Sleep is Death》，以及 Daniel Benmergui 的《Storyteller》。

《星球墜落（Planetfall）》（88）：由 Steve Mereztky 設計。星球墜落是非常有趣的文字冒險遊戲，出版商 Infocom 於 1983 發行。

玩家們可創造故事（88）：更精確地說，有三個詞經常被交互使用，但這三個詞事實上指的是三種明顯不同的事物：劇情、故事、敘事。劇情是由作者創造出的一系列因果事件：「因為他外遇，所以他們分手了。」敘事則是從觀察角度說出的一系列事件：「然後，這件事就發生了。」我們可以就任何體驗建構出敘事，而且，無論是在遊戲結束後，或是遊戲仍在進行中，在遊戲中建構敘事也是相當普遍的行為。故事基本上則是與劇情間的互動所產生的敘事結構。在遊戲設計中，我們經常會說到作家的故事和玩家的故事，因為這兩種故事的結尾會有極其廣大的分歧性。

馬克・勒布朗（90）：知名遊戲設計師。他也是 MDA 框架（就機制、動態和美學角度評估遊戲的系統）的共同開發者。可在 http://algorithmancy.8kindsoffun.com/ 看到他的遊戲設計作品。

保羅・艾克曼（90）：研究臉部表達與情感的先鋒。你可在他的書中讀到對其研究的詳細介紹。書名為《心理學家的面相術》，在台灣由心靈工坊於 2004 年出版。

妮可・拉薩羅（90）：拉薩羅的研究由她自己的公司 XEODesign 完成，並且於 2004 年遊戲開發者大會和其他數次會議上發表。你可在 www.xeodesign.com/whyweplaygames/ 看到此研究的全貌。

跑者的樂趣與認知問題（92）：為了探究這個命題，我虐待了自己──進行長跑。我跟個小孩一樣沿著跑道一直跑，事實上，在跑步的同時，必須解決很多困難的認知問題：調整呼吸、何時該衝刺何時又該放慢、判斷步幅，以及腳該如何落地…等等等等。認知問題存在於各個角落，不過我的主要觀點仍舊維持不變：交互地放下雙腳直到精疲力盡一點都不好玩。

幸災樂禍、驕傲、欣慰、洋洋得意（92）：謝謝妮可・拉薩羅介紹了這些絕妙用語。Naches（欣慰）和 kvell（洋洋得意）來自意第緒語；fiero（驕傲）則是義大利語的衍生字，schadenfreude（幸災樂禍）是德文。拉薩羅在她針對玩家在玩遊戲時感受到的情緒研究中用了這些詞彙，現在遊戲設計界也都改用這些詞彙了。

操縱社會地位（92）：有個名為「訊號理論」的演化生物學分支認為，我們在生活中做出的許多選擇，都是下意識地向他人展現自己夠格成為友方或部族一員。舉例來說，擁有園藝技能的人即向他人展現出自己勤奮和負責任的行為；擁有像是圖書館一樣多的藏書，加上博學與有點凌亂的外表及不入時的髮型，就等於向他人展現出自己是個創意人。若想了解這種消費者行為的來龍去脈，建議閱讀 Dr. Geoffrey Miller 所著之《Spent: Sex, Evolution, and Consumer Behavior》（Penguin, 2009）。

驚奇感（94）：來自科幻小說評論界的用語。含意就是「令人驚奇的感覺」。

實行解決方案（96）：多巴胺，最常與「有趣」感覺相關的神經傳導物質，已被證明為預期結果成功時會大量釋出。這種物質也和專注及學習有關。 Irving Biederman 與 Edward Vessel 的研究顯示「豐富的轉譯性」體驗（根據他們的用語）會讓人類獲得此種傳導物質的獎勵，這種體驗也就是我在本書中所討論的學習類型。不過，嘗試從現今的神經知識中得出過多結論其實很危險，因為大多數的神經醫學相關知識仍有其爭議性。

伯納德・蘇茲和遊戲的態度（96）：這個詞來自於蘇茲的書：《The Grasshopper: Games, Life, and Utopia》（Broadview Press, 1978）。他在書中定義遊戲為：「玩遊戲是在嘗試讓事物達到某個特定的狀態 [前置目標]，僅僅使用規則允許的手段 [遊戲的手段]，遊戲會禁止使用較為有效的手段，以利較為無效的手段 [組成規則]，接受規則只是因為這些規則使活動成為可能 [遊戲的態度]」。

心流（98）：米哈里・奇克森特米海伊創造的詞。用來說明對目標強烈關注及發揮最大能力的心境。心流出現的時機似乎與多巴胺增加釋放的時間有所連結，這種神經傳導物質可明顯地增加額葉的專注力。證據顯示多巴胺本身並不是提供正向回饋的化學物質。如想深入了解此概念，可嘗試閱讀《快樂，從心開始（Flow: The Psychology of Optimal Experience）》（繁體中文版已絕版，英文版由 Perennial 於 1991 年出版）。

近側發展區間（98）：李夫·維高斯基提出的概念，並且廣泛地擴展至教育理論中。此處重點為「鷹架」概念，也就是「學習建構於學習之上」。在《超級瑪莉》中，我們學到的如何加強跳躍能量的方法，通常被視為遊戲教育的完美方式，同時，也與教育理論中的「鷹架」概念一致。

刻意練習（100）：有個普及的概念：你必須練習一萬個小時，才能良好地掌握某些技能。這其實只是針對安德斯·艾瑞克森的研究，做出不精確的結論。事實上，重點在於這些練習時間的品質，艾瑞克森描述過刻意練習的必要特徵：此練習必須設計為提升效能、反覆多次、需要專注力、困難（例如跳到瀑布上游），同時還得針對明確的目標設計。執行此類練習就能讓你在更少時間內掌握技能…太諷刺了吧！

第六章：

早期的明顯差異（102）：這可從男孩與女孩的發展速度看出。

我們仍在努力（102）：2009 年，APS（心理科學協會（Association for Psychological Science））期刊中，有一篇關於「學習風格」的研究調查（http://web.missouri.edu/~segerti/1000/learningstyles.pdf），此調查的結論是：我們沒有足夠嚴謹的學習方式具體方法與廣義方法測試法。換句話說，我們必須以整個班級的學生做正式實驗；教導其中一部分學生只能以在腦中思考的方式學習，而其他學生則可自由使用各種自己喜歡的方式學習，這樣才能真正評估從根本上以多種不同的方式呈現課程是否有意義。畢竟，教師是一種有限的資源，使用單一教學方式上課，同時又能夠涵蓋合理的廣義學習方式人數，會是更有效率的方法（雖說這可能無法激發出每個學生的潛能）。總之，在教育理論界中，存在各式各樣不同的可能學習方式。

IQ 的鐘型曲線分佈（102）：標準 IQ（智商）測試的常態分佈以平均 100 分為中心向兩側以鐘型曲線發展。這個測試必須每幾年就重新製作一次常態分佈，因為人類明顯地越來越聰明，這稱為弗林效應（Flynn effect）。並非所有人都將 IQ 當成是評估各類智能的有效手段。有個稱為 EQ（情商）的概念，是用來說明我們如何理解和處理情緒的商數，就算不比 IQ 重要，至少也與 IQ 同樣重要。

哈沃德・加德納（**102**）：在著作《心智解構》中，加德納定義了七種智能類型，並且指出 IQ 測試僅能評估前兩種。最近，他指出還有另外兩種智能：自然觀察智能與存在智能。

性別差異（**104**）：有兩本書分別提供對此領域的不同研究：Deborah Blum 的《Sex on the Brain: The Biological Differences Between Men and Women》以及安妮・莫伊爾和大衛・傑塞爾的《腦內乾坤：男女有別・其來有自》。針對大量人口使用統計分析時可明顯看出差異。範例之一是使用文本分析，以確定某段文字作者的性別。你可在此處看到某些關於本主題的論文：http://homepage.psy.utexas.edu/homepage/faculty/pennebaker/reprints/NewmanSexDif2007.pdf，另外，此處也有：http://u.cs.biu.ac.il/~koppel/papers/male-female-text-final.pdf。若想自己試試看，請造訪 http://www.hackerfactor.com/GenderGuesser.php。

個體間的差異（**104**）：Carrothers 和 Reis 在 2013 年針對現有文獻的研究（http://bit.ly/survey-carrothers-reis）指出：實際上所有的心理差異來自「向度」而非「類別」。換句話說，就平均而言，是的，個體間的確有所差異。但男人和女人極大程度上在許多事情上都有共同之處，從個性類型到如何考量未來伴侶、同理心的程度、展現關懷的方向、對成功的恐懼…等等。無論是什麼樣的個人特質，都可能在天秤的兩端之間擺盪，所以你不能使用任何特質的測量結果來做與性別相關的預測。我們尚未真正瞭解：同化作用到何種程度會影響這些結果；心理學研究是出了名地偏向「大專程度以上學歷之西方人的人口統計學」，因為大多數的心理學研究，都會以心理學系的學生作為研究主體。在《The Cambridge Handbook of Intelligence》（劍橋大學出版社，2011）中，我們可以看到一篇與此主題相關的優秀調查。

空間旋轉（**104**）：一項在挪威進行的研究發現：即使在高度重視性別平等的社會中，空間旋轉能力仍然存在性別差異。此研究可在 http://www.ncbi.nlm.nih.gov/pubmed/23448540 找到。至於為何會存在此種差異，目前科學界尚未得出明確的結論。（雖然也是有人說這與人類進化有關）。

男孩的語言能力（104）：在此，我有必要再次指出：男孩的語言能力不佳，只是就平均狀態而言；生物決定論並不能用以決定單一個體的命運。在某些研究中，男孩在各種技能中已展現出比女孩更大的可變範圍；舉例來說，在 IQ 分佈範圍的高點和低點上，男性人數較女性多。同時也有證據表明，至少在年紀較大的兒童中，男女同校會讓雙方皆差於嘗試刻板印象中另一性別更適合的學科。

差異性會隨著時間消失（104）：1998 年的標準化測試結果調查顯示：除了高級數學以外，高中生在各學科上的表現會急速地均衡化。請瀏覽 Feingold，http://bit.ly/psycnet-Feingold。 2010 年，杜克大學針對高績效人士所做的研究也展現出類似的結果： http://bit.ly/2010-duke-differences。

亞斯伯格症（104）：一般稱為「高功能自閉症」，此症的特色是在社交上有困難，並且也難以解讀他人情緒。在《精神疾病診斷與統計手冊第五版》中，已將亞斯伯格症移出獨立診斷項目，改為居於自閉症光譜上。

旋轉能力的永久性改變（104）：以下引文出自南加州大學教授 Skip Rizzo，於 2001 年出席安納柏格中心的「互動時代的娛樂」會議時發表的演說：「在一次用紙筆進行的 [空間旋轉能力] 測驗中，男性的表現比女性好很多，但當我們運用身臨其境的整合互動方法 [例如：電動遊戲] 重現該測驗時，我們發現女性的表現與男性一樣好…重要的是我們發現，如果在此之後我們再用紙筆進行測驗，男性和女性得分數不會再有明顯的落差。」這個結果並不令人驚訝；我們以前在失聰兒童身上也發現一樣的狀態，這些兒童通常都拿空間旋轉問題沒轍。請參閱 http://bit.ly/deafspatial-rotation。

席蒙・貝倫科漢（104）：雖然貝倫科漢的理論能夠呼應先前關於思考型大腦與感覺型大腦的論點，但在他的著作《The Essential Difference: Men, Women and the Extreme Male Brain》之中所闡述的理論極具爭議性。貝倫科漢是自閉症研究者，所以他並非單從性別研究得出此結論。男孩比女孩更容易發生自閉症和亞斯伯格症，他的假設認為這是「極端系統化大腦」失去功能的結果。你可以試試某些線上測驗，評估自己的「系統化商數」和「同理化商數」 http://bit.ly/essential-difference-guardian。

學習方式（106）：Sheri Graner Ray 的《Gender Inclusive Game Design》一書，非常精彩地涵蓋了特別適於應用至遊戲設計的學習方式。

男人和女人看到不同事物（106）：此處有兩個科學研究的範例：http://www.bsd-journal.com/content/3/1/21/abstract，以及 Gabriele Jordan 博士的研究 http://discovermagazine.com/2012/jul-aug/06-humans-with-super-human-vision。在第一個連結中，研究者發現女性在尋找靜止的物體時反應速度比較快，而男性在尋找動態物體的反應速度比較快，以傳統的演化心理學風格發想，媒體稱此兩種不同的速度為「收集之眼」和「狩獵之眼」。另一項研究則是關於色彩感知。一般人類有三種視錐細胞和視桿細胞可識別色彩。許多男人只有其中兩種會發揮功能，從而導致更高的色盲發生率。最近，研究人員發現某些女性擁有四種視覺細胞，這些女性被稱為「真正的四色視者」，她們比一般人能看見更多色彩。

柯塞人格氣質量表（106）：邁爾斯 - 布里格斯性格分類的衍生分支，根據希波克拉提斯的氣質理論而來，但在歸類比喻上略有不同。

邁爾斯 - 布里格斯性格分類（106）：以榮格的理論為基礎，此心理量測工具會評估受試者在四個不同二分法問題的傾向性，從而將人分成 16 種性格。但在心理學上，這通常只是展現出該人在解決問題時的方法傾向性。

九型人格（106）：另一種人格分類系統，九型人格中包含了九種人類可以對應的不同人格類型。每種類型都有兩種附屬特性；九型人格被繪製在一個圓環上，所以「側翼」（即附屬特性），就是該人格在環上的兩個鄰居人格。九型人格非基於經驗研究或心理學理論而來，九型人格來自七宗罪與數字命理學。

五因素模型（106）：又稱為「大五」、「OCEAN」、「CANOE」…等名稱。這五因素中的每一個皆可分出更多子類別。研究人員經由跨文化研究找出了這五大因素，雖然對於研究模型仍有爭論，但此概念已廣泛用於心理學界。五因素模型確實可顯示出某些平均的性別差異，以及明顯的跨文化差異。某些文化可能沒有此五因素其中之一。

傑森‧凡登伯格（106）：他已在數個遊戲開發者大會活動上發表過自己的研究結果，可在他的個人網站上閱讀其簡報：http://www.darklorde.com/2012/03/the-5-domains-of-play-slides/。

激素對性格的影響（106）：許多激素都與性格差異有關，但我們目前尚未明確瞭解為何會有此種情形，同時也無法將其作為預測方法。睪固酮會因男性年齡漸長而逐漸減少，此時，男性的侵略性也會逐漸減少。調查顯示，因暴力犯罪被定罪的男性，其睪固酮濃度高於非因暴力犯罪被定罪的男性，或是未犯罪的男性。

買書（108）：女性購書者的年齡統計來自於美國人口普查局。有個令人印象深刻的女性購書統計數據：言情小說的銷售量占了美國圖書銷售量幾乎一半，而其中，有93% 由女性購買。

女性的遊戲偏好（108）：女性偏愛的遊戲是解謎遊戲和室內遊戲。此種偏好非常明顯，所以單機遊戲在女性市場中所佔比例極低。但在線上遊戲市場中，女性占了51%，大部分的女性線上遊戲玩家都在玩解謎遊戲。

不同性別的硬派專業玩家（108）：根據遊戲類型不同，在線上角色扮演遊戲中的女性人數介於總人數的 15-50% 之間。相較之下，經由零售店購買傳統單機遊戲的女性人數約為總人數的 5%。

年長的遊戲玩家（108）：Nick Yee 在調查了數千名大型多人線上遊戲（也就是MMO）玩家後，描繪出了男性與女性玩家在不同年紀所出現的行為差異。較年輕的男性玩家偏好在遊戲中做出更多暴力行為，較年長的男性行為則較接近女性的行為。隨著年紀不同，特定性別的受訪者所占之百分比表現出明顯的分佈差異；較為年輕的男性在圖形上有一個巨大的波峰，而女性無論是何種年紀，其圖形皆相對平穩。Yee 的代達羅斯研究專案可在 www.nickyee.com/daedalus/ 找到。我們不應將此研究結果與「去分化」視為相同理論。細胞分化理論聲稱當我們年紀漸長，我們的認知優勢與劣勢皆會「平滑化」。 2003 年 APA 發佈的新聞稿中指出縱貫性研究已反向證明了去分化理論。

打破傳統性別角色的女孩（110）：根據路透社在 2004 年 9 月的報導，賓夕凡尼亞州的一項研究指出，孩子們在 10 歲時玩的遊戲與他們未來數年在學校裡的成績有重要關聯。10 歲時喜歡運動的女孩在 12 歲時會比不喜歡運動的女孩更喜歡數學。在刻板的女孩活動（如編織、閱讀、跳舞，以及玩洋娃娃）中花比較多時間的女孩，在英文這類型的學科會有更好成績。

將設計重心放在社交互動上（110）：（請同時參照第 4 章的《強權外交（Diplomacy）》註解）幾乎所有涉及談判或合作說故事或合作解決問題的遊戲都屬於此類。其他的範例包括《疫症危機》、任何不強調戰鬥的角色扮演桌遊，以及需要社交的線上遊戲（如大型多人線上角色扮演遊戲，MMORPG）。

第七章：

第一個有記錄的體統之戰規則（114）：來自於孫子兵法。通常孫子兵法用於避免戰爭。但有時孫子兵法就是君子約定，例如不在黑夜中攻擊或偷襲敵人。

在足球比賽中作弊（116）：從另一個角度來說，如果裁判沒有看到我們越位，我們會接受這誤判並且說：運氣真好！這雖然違反規則，但由於這是裁判（形式結構的一部分）的錯誤，我們依然會接受這種違例。

大多數遊戲不允許創新和發明（118）：有個稱為《Nomic》的遊戲，可讓你在玩的時候改寫規則，這是遊戲的一部分。但這同時也有限制；如果你試圖改變過多規則，那就會與真實的物理性產生矛盾。在這個遊戲中，改變規則本身就是模式的一部分，但如果你要說原子比土星大，或是對另一個玩家開槍，就算你撰寫了這些規則，但仍舊會超出遊戲的限制。《Nomic》由厄勒姆學院哲學系的 Peter Suber 設計。

遊戲的命運（120）：當然，有許多遊戲在你越瞭解它們時會變得越有趣。但這必須針對遊戲呈現的挑戰本質做出許多細微的設計才能辦到。這類型的遊戲會在你越走越深時，揭露出越來越細微的複雜層面。

Ludemes（120）：電動遊戲設計師班・考森提出的概念。2004 年 10 月的《開發者雜誌》上有篇關於此概念的文章。雖然班・考森現在已將此概念更名為「首要元素」，但我還是比較喜歡「Ludemes」，即使這個字已被用在不同的脈絡也一樣（http://www.davidparlett.co.uk/gamester/ludemes.html。此為 David Parlett 所著關於此字之歷史）。這個概念也與凱蒂・賽倫（Katie Salen）與艾瑞克・西瑪曼（Eric Zimmerman）在他們的著作《Rules of Play》中所闡述的「選擇分子」一樣。

遊戲由下列元素組成（122）：這些遊戲基本元素的資料來自於一個非常簡短的「遊戲文法」小調查，這個想法是遊戲的結構中，一定存在特定的結構素質，所以遊戲才會成功。如需更多資訊，建議閱讀：

- 《A Grammar of Gameplay》，這是我在 GDC 2005 的演講：
  http://www.raphkoster.com/gaming/atof/grammarofgameplay.pdf

- 丹・庫克的文章《The Chemistry of Game Design》：
  found at http://www.lostgarden.com/2007/07/chemistry-of-game-design.html

- Stéphane Bura 的《A Game Grammar》：http://users.skynet.be/bura/diagrams/

- 《遊戲機制 —— 高級遊戲設計技術戲設計技術》（簡體中文版）作者：恩內斯特・亞當斯、 Joris Dormans。

- 簡體中文版）作者：恩內斯特・亞當斯、 Joris Dormans。

主宰權問題（124）：這可以簡單總結為「富者恆富」的問題，也可稱為迭代的零和游戲表達式。遊戲中的勝利者最終會比輸家擁有更加有利的位置。如果高階玩家能經由反覆擊敗簡單目標而獲得更好的位置，那其他人將永遠無法撼動此高階玩家的地位。這本身不是個問題，因為玩家僅僅是要獲取勝利。但當新手進入遊戲，卻發現自己永遠不可能成功時，這就是個問題了。

機會成本（124）：由於遊戲都是一系列的挑戰，所以你只要作出不好的選擇就無法簡單地再來一次。至少，讓你選擇去做另一件事時，你的對手就有機會作出屬於他自己的選擇。在玩遊戲時，我們僅允許小孩「重來」。另一個例子就是下棋時我們會說「起手無回大丈夫」（當你從棋子上收回手指時，就代表你已經走了這一回合。）

紅心皇后的比賽（128）：在路易斯・卡羅的《愛麗絲鏡中奇遇》中，愛麗絲與紅心皇后在一個快速移動的場地上奔跑，因為場地動得太快了，她們只能不停地跑才能保持平衡。這個情況即以「紅心皇后的比賽」著稱。

第八章：

圍棋（130）：中國的圍棋已有數世紀的歷史了，在世界上許多地方皆擁有類似的文化產物，如西方的西洋棋。圍棋通常在 19x19 的方格棋盤上進行。玩家分持黑白子，輪流放置於棋盤上，目的是要圍出比對手更大的面積。你也可以完整包圍對手的棋子後，將對手的棋子取走。圍棋是個非常複雜的遊戲，根據估計，圍棋的合法位置數（2.08×10170）超過可觀測宇宙中的原子總數（~1080）。

突發行為（130）：突發行為的概念反復地出現在混沌理論、人工生命，以及細胞自動機等領域中，這些都是數學系統。這些數學系統中的極簡單規則，會導致實際或不可預測的行為。史蒂芬・強森的《Emergence》（Scribner，於 2002 重刷）完整地說明了此主題。

年紀越大就越難學習（132）：一般而言，心理學的研究已經證明了歸納推理及資訊處理能力（所謂的「流體智力」）會隨著年齡增長而下降。不過，語言能力和其他形式的「晶體智力」會保持不變。

選擇相同類型的角色（134）：我的研究已經證實了玩家傾向在線上 RPG 遊戲中選擇類似的角色來玩，同時，Nick Yee 博士與其他 MMORPG 社交結構研究者的報告，也已觀察到遊戲風格選擇的特性。

跨性別角色扮演（134）：已有許多關於在遊戲中跨性別角色扮演的論文了。男性比女性更喜歡這麼做，如果他們可以選擇的話，男性很少會選擇中性角色，但女性比較會選擇中性角色。線上遊戲中的跨性別角色扮演，並不代表玩家在現實生活中有性別認同障礙。

太陽神和酒神（138）：另一種思考這兩種風格區別之方法：太陽神時期人們關心的是「媒介以媒介的身分」出現；酒神時期人們關心的是可「經由該媒介傳達什麼意象」。將注意力集中在媒介形式特質上的現代主義，就屬於太陽神時期；隨後出現的酒神時期則包括了平民主義的藝術形式如科幻小說和其他通俗小說類型、搖擺樂、藍調，以及爵士，隨之而來的還有漫畫的興起。

新的遊戲類型歷史軌跡（138）：許多遊戲類型已經展現出趨向更高複雜性的弧線。當然，隨著遊戲風格越趨大眾化，這些遊戲也會被徹底改造，複雜度曲線也會重置。有許多遊戲的複雜性已經達到只有非常少數人才會想玩的程度，這些遊戲包括了戰爭遊戲、模擬遊戲，以及如《磁蕊大戰》（CoreWars）之類的演算法遊戲，這些遊戲都需要非常深入的程式編寫知識。設計師丹·庫克將這些能在可玩性與洛可可式複雜度之間取得平衡的遊戲稱為「流派之王」。通常，在該類遊戲之後上市的同類型遊戲，銷量都會很差，最終，該流派會從市場上消失。如想深入瞭解此主題，有一系列的精彩文章：http://www.lostgarden.com/2005/05/game-genre-lifecyclepart-i.html。

專門術語因素（138）：專門術語（或可稱為行話）的發展程度，也可視為媒體成熟的標記。此時，媒體可經由正式教育傳承下去，而非需要使用學徒方式傳承。另外，媒體在成熟時也具備了充分的自我意識，可以對其自身做出批判性的檢驗。舉例來說，在確定電影理論之後，電影就快速地發展出了一套專門術語。可惜的是，遊戲在這方面非常落後。

最有創意的設計師（140）：就這一點來說，有兩個非常好的例子：其一是《瑪利歐》系列的設計師宮本茂。他曾經公開說過自己尋找靈感的來源是園藝；另一位是威爾·萊特，他的《模擬 XX》系列版圖已從城市規劃、消費主義還有蟻群一路拓展到蓋亞假說。

《Twonky》（138）：原故事由 Henry Kuttner 和 C. L. Moore 所著，並以筆名 Lewis Padgett 發表，於 1953 年拍成電影。在此故事中，有個裝置從未來被送到了過去，這個裝置的主人無法駕馭該裝置（雖然他是個教授），最終主人只得封存這個裝置。此外還有另一個故事《Mimsy Were the Borogoves》：在這個故事中，有個玩具從外星球來到了地球。大人們完全無法應付這個玩具，但孩子們可以。最終，他們學到了充分的知識，開啟了亞空間之門，前往他們想去的任何地方，超脫人性。到目前為止，沒有人因為玩電動遊戲而被傳送出去，不過，我們還是可以悄悄地在心中抱持著這個期望。

第九章：

好玩的人造物（144）：好啦，這是個很尷尬的詞，我知道。但使用這個詞可以避免掉使用「遊戲」時包含的模糊概念。簡單來說：

- 這個世界充滿了系統。

- 如果我們用好玩的態度來接近這些系統，我們就能瞭解這些系統如何經由「玩」這件事發揮效用，就像這整本書想說的一樣。

- 有趣是大腦在這個過程中給我們的回饋。

- 我們通常將這個活動稱為遊戲。

- 系統通常需要符合某些資格才有機會讓我們體驗上述狀態。可將其稱為「好玩的結構」。

- 有意識地設計好玩的結構就是好玩的人造物。

- 就算不是有意識地設計，但卻擁有好玩的結構，我們也可將其轉化為遊戲：鋪陳出目標和成功標準…等等。如想閱讀更多相關文章，請瀏覽：http://www.raphkoster.com/2013/04/16/playing-with-game/。

Mod 或 modding（144）：有許多電動遊戲在撰寫時，都會留下可讓玩家建立規則變體、修改美術設計，甚至使用該遊戲軟體建立全新遊戲的空間。於是，出現了大型的「MOD 社群」，玩家可在社群中交流自己創作的遊戲或內容。這與棋盤遊戲的「地區規則（House Rules）」有異曲同工之妙。

《吉姆爺》（146）：康拉德的小說。這本書並不是美好愉快的小說，結束於極度嚴酷的宿命論結局中。

《格爾尼卡》（146）：畢卡索的畫作，為了紀念和抗議西班牙內戰時期對格爾尼卡城的轟炸。

軟體玩具（146）：沒有目的導向的電動遊戲通稱。

所有媒體都有互動性（148）：無論你是否喜歡馬素‧麥克魯漢所稱的「熱」媒體和「冷」媒體術語，還是喜歡更現代的觀眾參與藝術建構的概念（如讀者反應理論），其實都是學院派，因為表格中只有一個格子裡表現出的互動程度仍然有爭議性，其他皆無爭議。

蒙德里安（154）：皮特‧蒙德里安是位畫家，其最著名的畫作之一是幅僅由彩色方塊與橢圓形所組成的畫。

導音（154）：在音樂理論中，這個觀念是指某些音會導致耳朵自然地期待另一個音。移動至新音調的行為，稱為「解析」和聲。最常見的例子就是從第五音回到第一音（從屬音回到主音），其中，導音是第五音的大三度，主音之根音的下半度，就是歌曲的關鍵。

精確覆蓋（154）：可涵蓋所有權變的資源配置數學問題。維基百科中有你所需的數學式 http://en.wikipedia.org/wiki/Exact_cover。

形式主義（156）：用於此處的形式主義，代表檢驗構成合格人造物的必備素質。基本上，這是種精確描述的方法，並且可形成術語。有許多其他的評判流派，當然，也包括那些根本就拒絕使用必備素質概念的人。

不同意我對此觀點（158）：遊戲設計師 Dave Kennerly 覺得「把電影、書籍、故事，或是其他不相干的媒體原則套在遊戲上，可讓爛遊戲也變得永垂不朽。」他辯稱這段話主要是針對建構形式化系統而來。

美麗文字（belles-lettristic）（158）：從字面上講就是「美麗的文字」。這個詞曾被廣泛地做為各種類型的寫作研究標題。

印象派（158）：一種主要以視覺藝術和音樂為中心的藝術思潮，此流派名稱來自於油畫《印象：日出》。印象派繪畫主要描繪的是投射在物體上的光影變幻，而非物體本身。

色調分離（158）：改變色彩及增加對比度的方式，影像處理軟體中經常使用此濾鏡。

德布西（158）：作曲家（1862 ～ 1918）。最著名的作品為《牧神的午後》。

拉威爾（158）：本身就是位重要的作曲家（《波麗露》），但同時也是位極具天份的管弦樂編曲家與編排家。我們熟悉的《展覽會之畫》是他的編曲作品，而非穆索爾斯基的原版。

維吉尼亞・吳爾芙和《雅各的房間》（160）：這本小說是關於一位死於第一次世界大戰的年輕人——雅各的故事。我們在整篇小說中完全看不到此人。整個作品是經由描繪在雅各離開後，曾經與他生活過的人受到何種影響來間接描寫雅各本人。

葛楚·史坦和《愛麗絲·B·托克勒斯的自傳》（160）：這本顛覆性的自傳由史坦以愛麗絲·B·托克勒斯的口吻撰寫，愛麗絲·B·托克勒斯是史坦長時間的夥伴及愛人。

時代精神（160）：部分由攝影術及科學發現所推動，中心思想成為了現代主義的基礎。

踩地雷（160）：幾乎所有 Windows 電腦上都會預設安裝此遊戲。這個遊戲需要從已點開的方塊周圍之數字來判斷何處有地雷。

第十章：

以電影為例（166）：Jon Boorstin 的《Making Movies Work》 （Silman-James Press, 1995）是本絕佳的入門書籍，清楚地說明了電影做為媒體的基礎。

舞蹈的符號系統（168）：在十六世紀時，我們才發展出第一個十分原始的舞蹈符號系統，遲至 1926 年，拉邦才真正地完成整套系統。

芭蕾舞團的首席女舞者（168）：這自然地會讓人想起葉慈在 1927 年所寫的《在學童之間》這首詩：

哦！隨音樂搖擺的肢體，哦！閃閃發亮的一瞥
我們如何才能在舞中理解舞者？

與「編舞」相比擬的新詞（168）：「Ludography」（譯註：可將此字當成遊戲創造者）看起來是個不錯的選擇，只可惜這個字與「bibliography（參考書目）」太像了。這個字代表你創造的遊戲。不過，這些理由無法阻止遊戲設計師 James Ernest 將自己稱為 ludographer。如果有任何人想到任何比「gameplayographer（遊戲玩家創造者）」這可怕的字眼更好的選擇，拜託請聯絡我！「Ludeme-ographer」？還是

「Ludemographer」？目前，最接近的可用辭彙大概就是「系統設計師」了，但這個詞往往會涵蓋「好玩的人造物」規範之外的部分。

Ludeme 與遊戲外在樣貌不協調（170）：這個理論的術語是「ludonarrative dissonance」（意指遊戲元素不協調），遊戲設計師 Clint Hocking 在 2007 年的部落格文章中發明了此字 http://clicknothing.typepad.com/click_nothing/2007/10/ludonarrative-d.html。

使用相機拍照的遊戲（172）：這些遊戲包括了任天堂 64 的《神奇寶貝即可拍》，以及許多主機皆有的《超越善惡》。

這就是俄羅斯方塊（172）：自從本書十年前出版以來，已經有至少兩個例子因為此遊戲而浮出水面，還有至少一個以上的遊戲受到本章啟發。

仇恨犯罪射擊遊戲（174）：目前有數個此類型的遊戲，並且使用了各種不同的事件做為起因，從 3K 黨到巴勒斯坦建國事件皆有。

《漫畫準則》（174）：在一陣關於漫畫中的暴力會教壞孩子的爭論之後，1950 年創建了此準則。結果是在隨後的多年內，漫畫產業強迫作者自我審查，沒有任何漫畫可在未受此準則核准的情況下出版。50 年代東岸的漫畫與 Art Spiegelman 的《Maus》相差無幾。這種時代感的鴻溝正是來自於漫畫準則的強制行為。整個漫畫產業因此倒退了 30 年。David Hajdu 的《The Ten-Cent Plague: The Great Comic-Book Scare and How it Changed America》（Picador, 2009）詳盡地說明了這場道德恐慌的歷史。

艾茲拉‧龐德（174）：一位天才現代主義詩人，但同時也是法西斯主義者，並且人品不佳。

第十一章：

瞭解自己（Gnothi Seauton）（176）：這是德爾斐的阿波羅神殿入口處的箴言。

詹姆斯‧洛夫洛克（176）：環境保護主義者。他提出了蓋亞假說，指出我們的生物圈就是一個複雜有機體。

網路理論（178）：一個完整的科學分支，從研究網路的圖論發展而來。如想深入瞭解，建議閱讀鄧肯‧華茲的《Small Worlds》（Princeton University Press, 1999），以及 Albert-László Barabási 的《Linked》（Plume, 2003）。

行銷企劃（178）：是的，就算是行銷企畫也能讓我們洞悉人類的行為，特別能教導我們什麼是群體行為、在群體間傳播資訊，以及說服的策略。

建築對人的影響（182）：此領域的經典之作是 Christopher Alexander et al 的《A Pattern Language》（Oxford University Press, 1977）。雖然建築師們因情感性目的建構建築物已有至少 9 世紀之久（自 12 世紀起），但這與故事和音樂比起來，歷史仍是短了太多。

希望的曙光（184）：經典的遊戲範例是由丹妮‧布頓‧貝瑞設計的《M.U.L.E.》，其中包含了非常幽微的道德教育。在這個關於殖民的遊戲中，玩家會在某個遙遠的世界，經由參與多種產業以及彼此販售物品來競爭成為最富有的成員。然而，此遊戲同時提供了另一個額外的勝利條件：殖民地整體成功與否才是關鍵。你可以在個人身分中因成為最富有的成員而勝利，但若殖民地失敗，你就會與殖民地一起滅亡。在經濟市場生態學及個人與社會皆重要的這兩方面，此遊戲為玩家上了非常好的一課。

第十二章：

丹妮・布頓・貝瑞（188）：《M.U.L.E.》及《七座金城》等經典電動遊戲設計師。

杜象的《下樓的裸女二號》（190）：這被認為是第一幅嘗試用抽象方式表達運動的油畫作品。這幅作品被認為是未來派的早期作品之一。

被遺忘的莎士比亞（196）：世人們對莎士比亞作品的興趣在數個世紀以來一直有起有落。僅管在 17 世紀時，他被當成純粹的演員，但在 18 世紀，人們開始收集他的作品，直到 19 世紀，世人已將他看做歷史上最偉大的劇作家。

結語：

科倫拜校園事件（206）：1999 年，科羅拉多州傑佛遜郡的科倫拜高中內，有兩名學生開槍射殺了數名學生與教師。後來發現這兩個學生都是暴力電玩的狂熱愛好者，從而引起了人們對遊戲的強力譴責。這不是唯一一個電動遊戲因暴力遭致譴責的案例。業內已有數間公司面臨數起訴訟，指控他們煽動暴力。

潘德列斯基的《廣島受難者輓歌》（210）：潘德列斯基是 20 世紀最受尊敬的作曲家之一，這首曲子非常抽象，但極有震撼力。

阿隆・科普蘭（210）：美國作曲家，中期作品以表現美國主題和民間故事為主。

威爾斯的舞台作品《馬克白》（210）：威爾斯最著名的作品是《大國民》。1936 年，當時僅 20 歲的他就導演了名劇《馬克白》。演員全為黑人，舞台背景從蘇格蘭換到加勒比海，而三女巫變成了巫毒教的巫醫。

《俠盜獵車手》（210）：90 年代晚期至 2000 年盛極一時的電動遊戲。在遊戲中，玩家扮演罪犯。這個遊戲令人欽佩之處在於豪華的設計、流暢的動作，以及各式各樣有趣的活動。但此遊戲同時也因其主題備受爭議。此遊戲受到最多抨擊的情節是：玩家可以在街角找個妓女，花錢和她發生性關係，之後再揍她一頓，把錢搶回來。

帕斯卡的賭注（212）：帕斯卡的注名賭注來自他的《思想錄》「讓我們來衡量一下賭上帝存在與不存在的得與失…如果你贏了，就會得到一切，如果輸了，也不會失去什麼。下賭注，然後，毫不猶豫地相信上帝存在。」

怪異形狀骰子（220）：這些骰子大多基於柏拉圖立體所製作，用來玩《龍與地下城》和其他紙筆類的角色扮演遊戲。

垃圾放映機（222）：1891 年出生於愛迪生的實驗室。這個電影攝影機的鼻祖使用 35 釐米的捲軸膠片，但必須從一個偷窺般的小孔中觀看。

後記：

奧斯丁遊戲研討會（228）：成立於 2003 年，後來出售給新的營運商，本次會議也稱為奧斯丁遊戲開發者大會或 GDCOnline。最後一次活動舉辦於 2012 年。

遊戲是學習的主要形式（228）：以下是一些可愛的引用：

「最有效的教育就是孩子們在喜歡的東西中玩耍」—— 柏拉圖

「玩耍是孩子們為自己的未來及其責任所準備的最有用的工具」—— Bruno Bettelheim

「玩耍就是研究的最高級形式」──愛因斯坦

「玩耍能讓孩子們練習所學的事物…」──羅傑斯先生

「處在心愛的小玩意之中，孩子就能學會光、動作、重力作用、肌力…」──拉爾夫·沃爾多·愛默生

「孩子們喜歡玩，不是因為很簡單，是因為很難。」──史巴克醫生

「幾乎所有的創意都與有目的之遊戲有關」──亞伯拉罕·馬斯洛

「玩就是如何產生所有新事物的答案」──尚·皮亞傑

史密森尼美國藝術博物館的展覽（228）：《The Art of Video Games》展覽自 2012 年 3 月至 9 月，由 Chris Melissinos 策展。此展覽已踏上巡迴之旅，你可在此獲得更多資訊：http://americanart.si.edu/exhibitions/archive/2012/games/。

無法被視為藝術形式（228）：可在潔西卡·墨里根的文章《Just Give Me a Game, Please》找到此範例（http://www.rpg.net/news+reviews/columns/virtually10dec01.html）。我當時寫了反駁（http://www.raphkoster.com/gaming/caseforart.shtml）。更著名的範例是影評人 Roger Ebert 宣稱「電動遊戲絕不可能成為藝術」（http://www.rogerebert.com/rogers-journal/video-games-can-never-be-art），並且提及設計師 Brian Moriarty 也同意他的看法（http://www.gamesetwatch.com/2011/03/opinion_brian_moriartys_apolog.php）。

值得使用憲法第一修正案（228）：2011 年 6 月 27 日，美國最高法院針對「布朗訴娛樂商業協會案」，判決「遊戲應受到自由言論之保護」。以下引文來自大法官斯卡利亞閣下的意見：

「就像保護書籍、戲劇和電影一樣，電動遊戲透過熟悉的設備，交流思想概念，甚至是社會訊息（如人物、對白、情節，以及音樂），並且使用了獨特的媒介（如玩家與虛擬世界互動）。這足以賦予第一修正案的保護。」

《十年後》的回顧（229）：此次演講中有許多新資訊已納入 10 年後的本書中。不過，仍舊有少許遺珠。若你對此有興趣，可瀏覽下列網址中的簡報：http://www.raphkoster.com/gaming/gdco12/Koster_Raph_Theory_Fun_10.pdf，另，實際的演講影片在此：http://www.gdcvault.com/play/1016632/A-Theory-of-Fun-10。

快樂的科學（229）：Martin Seligman、 Edward Diener、 Daniel Kahneman 和其他人皆指出正念（回味你的體驗）、慷慨，以及努力，可以增加好處而非減少壞處，是快樂的關鍵驅動力。

遊戲設計的有趣理論第二版

作　　者：Raph Koster
譯　　者：褚曉穎
企劃編輯：蔡彤孟
文字編輯：江雅鈴
設計裝幀：陶相騰
發 行 人：廖文良

發 行 所：碁峰資訊股份有限公司
地　　址：台北市南港區三重路 66 號 7 樓之 6
電　　話：(02)2788-2408
傳　　真：(02)8192-4433
網　　站：www.gotop.com.tw
書　　號：A411
版　　次：2016 年 06 月初版
　　　　　2024 年 06 月初版十刷
建議售價：NT$480

國家圖書館出版品預行編目資料

遊戲設計的有趣理論第二版 / Raph Koster 原著：褚曉穎譯. --
初版. -- 臺北市：碁峰資訊, 2016.06
　　面；　公分
　　譯自：Theory of Fun for Game Design, 2nd Edition
　　ISBN 978-986-347-515-6(平裝)
　　1.電腦遊戲　2.電腦程式設計
312.8　　　　　　　　　　　　　　　　　103027953